일본 최고 제빵교실의

뚝딱뚝딱 집빵

왕초보 홈베이킹

BACKE AKIKO SAN NO OUCHI PAN [REVISED EDITION] by Backe Akiko
copyright © FG MUSASHI Co., Ltd., 2017
All rights reserved.
Original Japanese edition published by FG MUSASHI Co., Ltd.
Korean translation copyright © 2019 by OKDANGBOOKS, Inc.
This Korean edition published by arrangement with FG MUSASHI Co., Ltd.,
Tokyo, through HonnoKizuna, Inc., Tokyo, and AMO AGENCY.

일본 최고 제빵교실의
뚝딱뚝딱 집빵 왕초보 홈베이킹

지은이 베카 아키코
옮긴이 서수지

1판 1쇄 인쇄 2019년 2월 11일
1판 1쇄 발행 2019년 2월 20일

발행처 (주)옥당북스
발행인 신은영

등록번호 제2018-000080호
등록일자 2018년 5월 4일

주소 경기도 고양시 일산동구 무궁화로 11 한라밀라트 B동 215호
전화 (070)8224-5900 팩스 (031)8010-1066

이메일 okdang@okdangbooks.com
홈페이지 www.okdangbooks.com
블로그 blog.naver.com/coolsey2
포스트 post.naver.com/coolsey2

값은 표지에 있습니다.
ISBN 979-11-964128-7-6 13590

이 도서의 국립중앙도서관 출판시도서목록(CIP)은 서지정보유통지원시스템 홈페이지(http://seoji.nl.go.kr)와
국가자료공동목록시스템(http://www.nl.go.kr/kolisnet)에서 이용하실 수 있습니다.
(CIP제어번호: CIP2019002966)

세상에서
가장 쉬운 집빵
레시피

일본 최고 제빵 교실의

뚝딱뚝딱 집빵

왕초보
홈베이킹

베카 아키코 **지음** | **서수지** 옮김

옥당북스

집빵 생활을 시작하며

일본 최고의 제빵교실 강사인 베카 아키코. 쉽고 맛있는 레시피로 유명한 그녀의 제빵교실 레시피를 공개합니다. 베이킹 초보자부터 카페 창업자까지, 100만 독자의 찬사를 받은 이 책은 그녀의 제빵교실에서 가장 먼저 가르치는 기본 빵들의 레시피를 담았습니다. 각각의 레시피는 건강한 맛과 손쉬운 공정을 위해 제빵교실과 카페 '베카'에서 수없이 검증하여 완성했습니다.

누가 만들어도 쉽고, 건강한 맛을 선사하는 레시피

이 책이 사랑받는 이유는 구하기 어려운 재료, 복잡한 과정 없이 누가 만들어도 실패하지 않는다는 사실 때문입니다. 베이킹 왕초보도 레시피대로 만지고 시간표대로 진행하기만 하면 손쉽게 건강한 빵을 완성할 수 있습니다. 꼭 필요치 않은 과정은 생략해 최소한의 과정으로 만들기 때문에 따라 하기 참 쉽답니다.

특별한 도구 필요 없이 가정용 오븐으로 구워요

집에서 빵 만들기에 도전하지 못하는 이유 중 하나는 '제대로 된 오븐이 없다'는 생각 때문이라고 합니다. 여러분도 그러신가요? 가족이나 지인과 먹으려고 만드는 빵인데 굳이 값비싼 설비까지 갖춰야 한다면 차라리 사 먹는 게 낫겠죠.

이 책은 '집에서 만드는 빵은 만들기 쉽고 건강해야 한다'는 데 중점을 둡니다. 그래서 여느 집에서 쉽게 볼 수 있는 가정용 오븐으로 굽는 레시피를 제공합니다.

밀방망이나 온도계처럼 꼭 필요한 도구는 구입해서 준비하고, 볼, 도마, 스크래퍼 같이 다른 것으로 대체해도 되는 도구는 사용 빈도에 맞추어 하나씩 장만해 나가면 된답니다.

● **이 책 레시피에 적합한 오븐 조건**

　– 오븐팬 규격 25cm 이상

　– 설정 최고 온도 250℃

● **집빵 만들기 과정**

`기본 시간표`　★실온 25℃ 기준

| 준비 | → | 반죽하기 | → | 1차 발효 | → | 반죽 나누기 · 반죽 뭉치기 | → | 휴지 시간 | → |

🕐5분　　🕐10분　　　　　🕐10분

45~50분
자투리 시간

10분
자투리 시간

→ 성형
(모양잡기)

🕐 10분

→ 2차 발효

35~40분
자투리 시간

→ 굽기

15~20분
자투리 시간

→ 굽기 완료

● 집빵 아키코 선생의 레시피 특징

초보자도 절대 실패하지 않는 레시피랍니다.

팔이 빠지도록 반죽을 치대거나 매칠 필요가 없어요.

일단 구하기 쉬운 재료만 사용해요.

그리고 작업대는 도마 하나면 충분하답니다.

발효기 같은 특별한 도구는 사용하지 않아요.

가정용 오븐 하나로 가뿐하게 만들죠.

꼭 하지 않아도 되는 공정은 과감하게 생략했어요.

삐뚤빼뚤 못생기게 나왔다고 실망하긴 일러요.

맛은 끝내주거든요.

그러니, 이제 망설이지 말고 집빵 생활을 시작해 보세요.

Contents

007 집빵 생활을 시작하며
014 도구 준비하기
016 재료 준비하기

Chapter

1 기본 반죽으로 만드는 빵

020 베치번즈
024 통밀빵
026 쌀가루빵
028 흰 빵
030 모닝빵
032 미니 프랑스빵
034 참깨빵
036 호두빵
038 시나몬롤
040 치즈빵
042 옥수수빵

044 **통밀빵과 함께 곁들이면 좋아요!**
비프 스튜 | 콩 마리네
일본풍 그라탱 | 진저 밀크티

Chapter

2 달걀 반죽으로 만드는 빵

048 롤빵
052 멜론빵
054 커스터드 크림빵
056 풋콩앙금빵
058 카레빵

060 **Column | 빵과 찰떡궁합**

Chapter

3 틀을 사용해 만드는 빵

064 영국식 기본식빵
068 건포도빵
070 영국식 잡곡식빵
072 큐브식빵
074 딸기 큐브식빵
076 말차단팥 큐브식빵
078 꽃빵
080 초콜릿 오렌지필빵
082 소시지빵

084 **영국식 식빵과 함께 곁들이면 좋아요!**
로스트 치킨 | 프랑스식 당근 샐러드
따뜻한 채소와 바냐 카우다풍 소스 | 연근 허브 볶음

086 **Column | 포장 아이디어**

Chapter

4 브런치 인기 메뉴, 베이글

090 베카 베이글
094 검은깨 치즈베이글
096 블루베리 베이글
098 흑설탕 베이글

100 **베이글과 함께 곁들이면 좋아요!**
치킨 샐러드 | 우유 수프 | 3종 크림치즈 스프레드

Chapter

5 반죽이 맛있는 수제 피자

104 기본 피자
108 크리스피 피자
110 꼬마 피자
112 포카치아
114 그리시니

116 **피자와 함께 곁들이면 좋아요!**
프랑스식 스튜 포토푀 | 아보카도 올리브 샐러드
화이트 샐러드 | 상그리아

118 **Q&A | 이럴 땐 어떻게?**

도구 준비하기

빵 만들기에 사용하는 도구를 알아보자. 다이소 등에서 저렴하게
구할 수 있는 도구도 있으니 부담 없이 하나하나 장만해 나가자.

어떤 레시피에서나 사용하는 도구

저울
디지털 저울이면 편리하다.
정확하게 잴 수 있다면
아날로그 저울도 괜찮다.

계량컵
200㎖ 계량컵이면 된다.
전자레인지에서도 사용할 수
있는 내열 제품이 좋다.

계량스푼
15㎖(1T), 5㎖(1t),
2.5㎖(1/2t) 세 가지를
준비한다.

온도계
실내 온도를 재는 일반용과
물의 온도를 재는 요리용을
준비한다.

볼(大)
지름 25㎝에 재료를 섞거나
반죽을 치대기에 안정감이
있는 묵직한 유리 재질이 좋다.

볼(小)
1차 발효 때 사용한다.
플라스틱 제품은 재료 계량할
때 편리하다.

체
재질과 모양에 상관없이
눈이 고운 체로 준비한다.

도마
평소에 사용하는 25 × 40㎝ 크기면
된다. 작업대 대신 사용한다.

미끄럼방지 매트
반죽을 치댈 때 도마 아래에
깔아 미끄러짐을 방지한다.

스크래퍼(타원)
볼 안의 반죽을 꺼낼 때 사용한다. 곡
선 부분을 사용하면 깔끔하게
꺼낼 수 있다.

면포
약 30 × 30㎝ 크기로, 거즈 같은
얇은 재질이 위생적이다.

스크래퍼(스테인리스)
반죽을 잘라서 나눌 때 사용한다.
시중에서 가장 일반적으로 구할 수
있는 제품이다. 타원 스크래퍼나
주방 칼을 사용해도 된다.

랩
1차 발효에 사용한다. 볼이
덮이는 크기를 선택해야 한다.
냉동 보관할 때도 사용한다.

주방용 타이머
1차 발효와 2차 발효,
휴지 시간을 잴 때 사용한다.

레시피에 따라 사용하는 도구

오븐용 시트
틀에 들어가지 않는 빵을 구울
때 오븐팬에 깔거나, 틀 안에
깔아 반죽을 꺼내기 쉽게 해준다.

밀방망이
가스를 빼기 쉽고, 반죽이 잘 들러붙
지 않도록 표면에 오돌토돌한
요철이 있는 제품을 준비한다.

솔
굽기 전에 반죽 표면에 윤기를
내려고 달걀물을 바를 때 사용한다.
실리콘 재질 제품도 있다.

칼
칼집(쿠프, Coupe)을 넣을 때
사용한다. 일반적으로 주방에서
사용하는 칼로도 충분하다.

재료 준비하기

빵을 만드는 재료는 주변에서 손쉽게 구할 수 있다.
대형 마트 등에서 구하기 쉬운 재료를 기본으로 사용한다.

밀가루

단백질(글루텐)의 질과 양에 따라 크게 강력분, 중력분, 박력분으로 나눈다. 빵을 만들 때는 주로 강력분을 사용한다. 강력분은 다시 초강력분, 강력분, 준강력분으로 나눌 수 있다.
박력분과 그레이엄 밀가루, 쌀가루, 옥수숫가루 등을 적절히 배합해 사용하는 경우도 있다.

소금

소금은 천일염 염도를 기준으로 양을 정한다. 정제염(식염)은 입자가 곱기 때문에 레시피 분량대로 사용하면 빵 맛이 짜진다. 정제염을 사용할 때는 양을 절반으로 줄인다.

버터

가염 제품을 사용한다. 제일 먼저 준비하고, 반죽에 섞이기 쉽도록 실온에 꺼내 둔다. 버터를 사용하지 않는 반죽도 있다.

설탕

이 책에서는 단맛이 강하고 독특한 풍미를 내는 흑설탕을 주로 쓰지만, 백설탕을 사용해도 된다.

인스턴트 드라이 이스트

발효시간이 짧고 마트에서 손쉽게 구할 수 있는 인스턴트 드라이 이스트를 사용한다. 설탕과 만나면 발효가 잘 되는 특성이 있다.

미지근한 물

밀가루 숙성과 이스트 작용을 활발하게 한다.
실온이 20℃라면 37~38℃로,
실온이 25℃라면 35℃,
실온이 30℃라면 32~33℃로 준비한다.

밀가루 종류

초강력분
원래 영국식 식빵에 사용하지만, 이 책에서는 강력분과 섞어 부피감과 씹는 맛이 느껴지는 빵에 사용한다.

강력분
빵 만들기에 기본이 되는 것으로 어디서든 손쉽게 구할 수 있다. 다양한 레시피에 활용한다.

준강력분
프랑스빵의 식감과 풍미를 내고자 할 때 사용한다. 베이글이나 식빵에 사용하면 평소와 다른 식감을 즐길 수 있다.

박력분
주로 각종 요리와 과자 만들기에 사용한다. 기존 반죽에 살짝 가벼운 식감을 내고 싶을 때 강력분에 섞어서 사용한다.

그레이엄 밀가루
밀을 통째로 빻아서 영양과 식이섬유가 풍부하다. 소박한 식감을 내고 싶을 때 강력분에 섞어서 사용한다. (전립분, 통밀 밀가루, 그래함 등의 상품명으로 판매된다_옮긴이)

옥수숫가루
베이글을 구울 때 오븐팬에 뿌리면 들러붙지 않게 해준다. 이 책에서는 반죽에 섞어 노르스름한 색을 내는 깜찍한 옥수수빵을 만들었다.

멥쌀가루
글루텐이 들어있지 않아 쌀빵용 밀가루 단백질을 추가하지 않으면 부풀지 않는다. 이 책에서는 강력분과 섞어서 사용한다.

Chapter

1

기본 반죽으로
만드는 빵

베치번즈

제빵에 처음 도전하는 사람에게 추천하는 기본 빵.
파운드케이크 틀에 세 덩어리로 나눈 반죽을 넣으면, 올망졸망한 빵 세 덩어리가 줄줄이 이어진
베치번즈가 완성된다. 소박하고 단순한 맛을 즐길 수 있도록 빵 위에 쌀가루를 묻혀 낸다.

재료

파운드케이크 틀 2개 분량
초강력분 150g
강력분 100g
흑설탕 1T
소금 1t
미지근한 물(35℃ 전후) 150㎖
인스턴트 드라이 이스트 1t
버터 5g
쌀가루 적당량

도구
파운드케이크 틀 2개
(8 × 17.5 × 6cm: 너비 × 깊이 × 높이)

🧑‍🍳 **Tip**

틀을 사용하면 쉬워요!

일반적인 제빵 서적이나 베이킹 교실에서는 모닝빵부터 시작하는 경우가 많다. 하지만 초보자에게는 쉽지 않은 면이 있어서 이 책은 틀을 사용해서 만들기를 권한다. 틀에 넣으면 2차 발효가 되었는지 알아보기 쉽고, 반죽 크기와 열전도율이 일정한 범위 안에서 해결되어 실패율이 낮아진다.

준비하기

1 재료 준비하기

모든 재료는 미리 계량해 둔다. 초강력분과 강력분을 체에 밭쳐 볼에 담고 흑설탕과 소금을 좌우 가장자리에 떨어뜨려 넣는다.

만들기

2 물과 이스트 넣기

볼을 살짝 기울여 흑설탕 위에 미지근한 물을 한꺼번에 붓고, 이스트를 흩뿌린다.

3 흑설탕 쪽부터 섞기

볼을 기울인 채 이스트와 흑설탕을 녹인다는 느낌으로 손가락 끝으로 버무리며 섞는다.

4 골고루 치대기

이스트가 녹으면 볼 바닥에서 반죽을 퍼 올린다는 느낌으로 골고루 섞는다. 아래에서 떠서 손으로 꼭꼭 주무르며 바닥 쪽으로 치대는 동작을 반복한다.

5 버터 넣기

잘 섞여 가루가 보이지 않을 정도 되면 버터를 넣고 반죽에 골고루 스며들도록 버무린다.

계속 →

6 한 덩어리가 될 때까지 치대기

손에 묻은 반죽을 떼서 볼 안에 넣고 한 덩어리가 될 때까지 치댄다.

7 반죽 도마 위로 옮기기

반죽이 손에 달라붙지 않을 정도가 되면 도마 위로 옮긴다.

8 도마 위에서 치대기

반죽을 도마 위에 올리고, 손바닥으로 누르면서 밀고 접었다가, 방향을 90도 바꿔 다시 밀고 접기를 여러 번 반복한다.

9 매끈할 때까지 치대기

표면이 매끈해질 때까지 10분가량 치댄다.

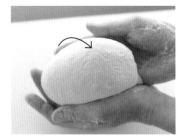

10 반죽을 당겨 모양 가다듬기

양손으로 감싸듯 들고 반죽을 돌리면서 표면을 잡아당겨 밑으로 말아넣기를 반복한다. 반죽 표면이 팽팽해질 때까지 매만진다.

11 볼에 담아 1차 발효

반죽을 볼에 담아 랩을 씌워 1차 발효시킨다.

⏱️ **실온과 시간 기준**

25℃-50분, 30℃-45분(20℃ 전후는 118쪽 참조)

12 1차 발효 완료

손가락으로 살짝 눌러 자국이 남으면 발효 완료. 손가락 자국이 스스르 사라지면 발효가 덜 된 상태이므로 5분가량 더 둔다.

13 가스 빼고 둥글게 뭉치기

스크래퍼로 반죽을 떠내, 이음매가 위로 가도록 도마에 올린다. 좌우를 접어 가스를 빼고, 90도 회전시켜 다시 좌우를 접어 가스를 뺀다. 뒤집어서 양손으로 반죽을 당기며 둥글게 뭉친다.

14 반죽 6등분하기

이음매가 아래로 가게 놓고, 스테인리스 스크래퍼로 6등분한다. 스크래퍼로 살짝 눌러 선을 만들어 두었다가 자르면 깔끔하게 잘린다.

15 같은 무게로 맞추기

나눈 반죽의 무게를 재서 무게가 같아지게 조정한다.

16 젖은 면포 덮어 휴지시키기

이음매가 아래로 가도록 말아 넣으며 동그랗게 모양 잡는다. 다시 이음매가 아래로 가도록 놓고 물기를 꼭 짠 면포를 덮어 10분간 놔둔다.

17 가스 빼기

휴지 시간이 끝나면 양 손가락 끝으로 위에서 2~3회 눌러 가스를 뺀다.

18 동그랗게 빚기

매끈한 면이 위로 오도록 동그랗게 빚는다. 반죽 가장자리를 한군데로 모아 맞물린다는 느낌으로 마무리한다.

19 모양 잡기

이음매가 아래로 가도록 손바닥 위에 하나씩 올리고, 둥글게 모양을 잡는다. 완성된 반죽은 젖은 면포를 덮어 둔다.

20 쌀가루 묻히기

도마 위에 쌀가루를 살짝 깔고, 반죽을 한 덩어리씩 굴리며 쌀가루를 묻힌다.

 Tip

멥쌀과 찹쌀을 씻어 말려 빻아 만든 쌀가루는 입자가 고와 떡이나 화과자를 만들 때 사용한다. 빵 표면에 뿌려 소박한 맛을 연출할 수 있다.

21 틀에 담아 2차 발효

이음매가 아래로 가도록 틀에 가지런히 놓고, 물기를 꼭 짠 면포를 덮어 따뜻한 곳에서 2차 발효시킨다. 오븐을 190℃로 예열한다.

 실온과 시간 기준

25℃-40분, 30℃-35분(20℃ 전후는 118쪽 참조)

22 2차 발효 완료

틀 옆면에 달라붙을 정도로 부풀어 오르면 2차 발효 완료.

23 굽기

오븐에서 약 16분, 노릇노릇한 색이 돌 때까지 굽는다.

통밀빵

밀가루 표피와 배아를 통째로 갈아 만든 통밀의 일종, 강력분에 그레이엄 밀가루를 더해 만든다.
바삭바삭 씹는 맛이 일품인 식감에 섬유질과 각종 미네랄 등 영양이 풍부하다.

재료

파운드케이크 틀 2개 분량

강력분 200g
그레이엄 밀가루 60g
흑설탕 1T
소금 1t
미지근한 물(35℃ 전후) 150㎖
인스턴트 드라이 이스트 1t

도구

파운드케이크 틀 2개
(8×17.5×6㎝: 너비 × 깊이 × 높이)

준비하기

1   모든 재료는 미리 계량해서 준비한다.
    체에 밭친 강력분에 그레이엄 밀가루를 섞어 볼에 담고 흑설탕과 소금을 좌우 가장자리에 떨어뜨려 넣는다.

만들기

2   볼을 기울여 흑설탕 위에 미지근한 물을 한꺼번에 붓고, 이스트를 뿌린다. 이스트와 흑설탕이 녹도록 손가락으로 버무린다.

3   이스트가 녹으면 골고루 섞은 후, 반죽이 한 덩어리로 뭉쳐지면 도마 위에 꺼내 꼼꼼하게 치댄다.

4   반죽이 매끈해지면 표면을 잡아당기며 둥글게 빚어 볼에 담고, 랩을 씌워 1차 발효시킨다(실온 25℃-50분, 실온 30℃-45분).

5   스크래퍼를 이용해 반죽을 도마 위에 꺼낸다. 둥글게 뭉치면서 가스를 빼고, 위에서 가볍게 눌러 스크래퍼로 6등분한다 Ⓐ.

6   둥글게 모양을 잡은 후 Ⓑ, 물기를 꼭 짠 면포를 덮어 10분간 반죽을 휴지시킨다.

7   반죽을 살짝 눌러 가스를 빼고 둥글게 모양을 잡는다. 틀에 넣어 이음매가 아래로 가도록 3개씩 놓고 Ⓒ,
    젖은 면포를 덮어 2차 발효시킨다 Ⓓ(실온 25℃-40분, 실온 30℃-35분). 오븐을 190℃로 예열한다.

8   오븐에서 약 20분, 먹음직스러운 갈색이 돌 때까지 굽는다.

쌀가루빵

강력분에 멥쌀가루를 섞으면 쫄깃쫄깃한 식감과 함께 쌀의 은은한 단맛까지 즐길 수 있다.
그냥 먹거나 식사에 곁들여 내도 잘 어울리는 가볍고 맛깔스러운 빵이다.

재료

파운드케이크 틀 2개 분량
강력분 200g
멥쌀가루 70g
흑설탕 2T
소금 1t
미지근한 물(35℃ 전후) 180㎖
인스턴트 드라이 이스트 1t

도구
파운드케이크 틀 2개
(8 × 17.5 × 6㎝ : 너비 × 깊이 × 높이)

준비하기

1   모든 재료는 미리 계량해서 준비한다.
    강력분과 멥쌀가루를 체에 밭쳐 볼에 담고, 흑설탕과 소금을 좌우 가장자리에 떨어뜨려 넣는다.

만들기

2   볼을 기울여 흑설탕 위에 미지근한 물을 한꺼번에 붓고, 이스트를 뿌린다. 이스트와 흑설탕이 녹도록 손가락으로 버무린다.

3   이스트가 녹으면 골고루 섞은 후, 반죽이 한 덩어리로 뭉쳐지면 도마 위에 꺼내 꼼꼼하게 치댄다.

4   반죽이 매끈해지면 표면을 잡아당기며 둥글게 빚어 볼에 담고 랩을 씌워 1차 발효시킨다 (실온 25℃-40분, 실온 30℃-35분).

5   스크래퍼를 이용해 반죽을 도마 위에 꺼낸다. 둥글게 뭉치면서 가스를 빼고, 위에서 가볍게 눌러 스크래퍼로 6등분한다 Ⓐ.

6   둥글게 모양을 잡은 후 Ⓑ, 물기를 꼭 짠 면포를 덮어 10분간 반죽을 휴지시킨다.

7   반죽을 살짝 눌러 가스를 빼고 둥글게 모양을 잡는다. 틀에 넣어 이음매가 아래로 가도록 3개씩 놓고 Ⓒ,
    젖은 면포를 덮어 2차 발효시킨다 Ⓓ (실온 25℃-50분, 실온 30℃-45분). 오븐을 190℃로 예열한다.

8   오븐에서 약 15~18분, 먹음직스러운 갈색이 돌 때까지 굽는다.

흰 빵

영국식 식빵 재료인 초강력분을 사용해 틀을 쓰지 않고 굽는다.
갈색이 나기 전에 오븐에서 꺼내 완성하면 뽀얀 빛이 감돈다.
부드러우면서도 식감이 살아있는 매력적인 빵이다.

재료

8개 분량

초강력분 150g
강력분 100g
흑설탕 1T
소금 1t
미지근한 물(35℃ 전후) 150㎖
인스턴트 드라이 이스트 1t
쌀가루 적당량
강력분 적당량

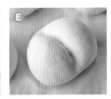

준비하기

1   모든 재료는 미리 계량해서 준비한다. 쌀가루를 평평한 접시 위에 뿌려 둔다 Ⓐ.
    초강력분과 강력분을 체에 밭쳐 볼에 담고, 흑설탕과 소금을 좌우 가장자리에 떨어뜨려 넣는다.

만들기

2   볼을 기울여 흑설탕 위에 미지근한 물을 한꺼번에 붓고, 이스트를 뿌린다. 이스트와 흑설탕이 녹도록 손가락으로 버무린다.

3   이스트가 녹으면 골고루 섞은 후, 반죽이 한 덩어리로 뭉쳐지면 도마 위에 꺼내 꼼꼼하게 치댄다.

4   반죽이 매끈해지면 표면을 잡아당기며 둥글게 빚어 볼에 담고 랩을 씌워 1차 발효시킨다(실온 25℃-50분, 실온 30℃-45분).

5   스크래퍼를 이용해 반죽을 도마 위에 꺼낸다. 둥글게 뭉치면서 가스를 빼고, 위에서 가볍게 눌러 스크래퍼로 8등분한다.

6   각각의 반죽을 둥그스름하게 모양을 잡은 후, 물기를 꼭 짠 면포를 덮어 10분간 반죽을 휴지시킨다.

7   반죽을 살짝 눌러 가스를 빼고 뭉치면서 둥글게 모양을 잡는다. 1에서 준비한 접시 위에 굴려 쌀가루를 가볍게 묻힌다 Ⓑ.

8   모양이 둥근 젓가락으로 가운데를 누르고 Ⓒ, 좌우로 약간 움직여 Ⓓ, 고랑이 파이도록 꾹 누른다.

9   오븐 시트를 깐 오븐팬에 놓고, 젖은 면포를 덮어 2차 발효시킨다(실온 25℃-40분, 실온 30℃-35분).
    고운체에 강력분을 담아 솔솔 뿌린다 Ⓔ. 오븐을 180℃로 예열해 둔다.

10   오븐에서 약 15분 연한 갈색이 돌 때까지 굽는다.

모닝빵

틀을 사용하지 않고 간편하게 만들 수 있다. 손으로 동그랗게 모양을 빚어
먹음직스러운 갈색이 돌 때까지 구워내자. 모양이 일정하지 않아도 맛있으면 오케이!
담백한 기본 빵이라 어떤 음식, 어떤 자리에나 두루두루 잘 어울린다.

재료

8개 분량

강력분 260g
흑설탕 1T
소금 1t
미지근한 물(35℃ 전후) 150㎖
인스턴트 드라이 이스트 1t
버터 5g

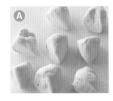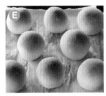

준비하기

1 모든 재료는 미리 계량해서 준비한다.
  체에 밭친 강력분을 볼에 담아 흑설탕과 소금을 좌우 가장자리에 떨어뜨려 넣는다.

만들기

2 볼을 기울여 흑설탕 위에 미지근한 물을 한꺼번에 붓고, 이스트를 뿌린다. 이스트와 흑설탕이 녹도록 손가락으로 버무린다.

3 이스트가 녹으면 골고루 섞어, 가루가 보이지 않을 정도 되면 버터를 넣고 치댄다. 반죽이 한 덩어리로 뭉쳐지면 도마 위에 꺼내 다시 치댄다.

4 반죽이 매끈해지면 표면을 잡아당기며 둥글게 빚어 볼에 담고 랩을 씌워 1차 발효시킨다 (실온 25℃-50분, 실온 30℃-45분).

5 스크래퍼를 이용해 반죽을 도마 위에 꺼낸다. 둥글게 뭉치면서 가스를 빼고, 위에서 가볍게 눌러 스크래퍼로 8등분한다 Ⓐ.

6 둥글게 모양을 잡은 후 Ⓑ, 물기를 꼭 짠 면포를 덮어 10분간 반죽을 휴지시킨다.

7 반죽을 살짝 눌러 가스를 빼고 둥글게 빚는다 Ⓒ. 오븐 시트를 깐 오븐팬에 이음매가 아래로 가도록 반죽을 늘어놓고,
  젖은 면포를 덮어 2차 발효시킨다 Ⓓ (실온 25℃-40분, 실온 30℃-35분). 오븐을 190℃로 예열해 둔다.

8 오븐에서 약 15~18분, 갈색이 돌 때까지 굽는다 Ⓔ.

미니 프랑스빵

겉은 바삭바삭하고 속은 쫄깃쫄깃한 절묘한 식감의 프랑스빵을 먹기 좋은 크기로 만들었다.
이 레시피로 칼집(쿠프, Coupe) 넣는 방법을 익혀 두자.

재료

8개 분량

준강력분 260g
흑설탕 1T
소금 1t
미지근한 물(35℃ 전후) 150㎖
인스턴트 드라이 이스트 1t
버터 10g

 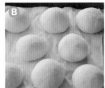   

준비하기

1 모든 재료는 미리 계량해서 준비한다. 버터는 길이 3cm, 두께 0.5cm 크기로 길쭉하게 썰어 냉장실에 넣어 둔다.
   체에 밭친 준강력분을 볼에 담아 흑설탕과 소금을 좌우 가장자리에 떨어뜨려 넣는다.

만들기

2 볼을 기울여 흑설탕 위에 미지근한 물을 한꺼번에 붓고, 이스트를 뿌린다. 이스트와 흑설탕이 녹도록 손가락으로 버무린다.

3 이스트가 녹으면 골고루 섞은 후, 반죽이 한 덩어리로 뭉쳐지면 도마 위에 꺼내 꼼꼼하게 치댄다.

4 반죽이 매끈해지면 표면을 잡아당기며 둥글게 빚어 볼에 담고 랩을 씌워 1차 발효시킨다 (실온 25℃-50분, 실온 30℃-45분).

5 스크래퍼를 이용해 반죽을 도마 위에 다시 꺼낸다. 둥글게 뭉치며 가스를 빼고, 가볍게 눌러 스크래퍼로 8등분한다.

6 둥글게 모양을 잡은 후, 물기를 꼭 짠 면포를 덮어 10분간 휴지시킨다.

7 반죽을 살짝 눌러 가스를 빼고 뭉치면서 둥글게 모양을 잡는다. 오븐 시트를 깐 오븐팬 위에 이음매가 아래로 가도록 가지런히 놓고,
   젖은 면포를 덮어 2차 발효시킨다 (실온 25℃-40분, 실온 30℃-35분). 오븐을 190℃로 예열해 둔다.

8 2차 발효 후 Ⓑ, 나이프로 반죽 한가운데 5cm 정도로 칼집(쿠프)을 넣고 Ⓒ, 길쭉하게 잘라둔 버터를 젓가락으로 얹는다 Ⓓ.

9 오븐에서 약 20분, 먹음직스러운 갈색이 돌 때까지 굽는다 Ⓔ.

> 🧑‍🍳 **Tip**
>
> **쿠프 Coupe**
>
> 반죽 표면에 칼집을 넣는 것. 큼직한
> 빵에 열이 골고루 전달되고, 오븐에
> 서 구워냈을 때 외형 변화를 기대할
> 수 있다. 쿠프를 넣을 때는 과감하게
> 같은 깊이로 단숨에 해야 한다.

참깨빵

기본 빵 만들기에 익숙해지면 반죽에 재료를 섞어 만드는 빵에 도전해 보자.
참깨를 듬뿍 넣어 고소한 향과 오도독오도독 씹히는 식감을 살린, 먹고 나서 여운이 길게 남는빵이다.

재료

파운드케이크 틀 2개 분량

강력분 250g
흑설탕 1T
소금 1t
미지근한 물(35℃ 전후) 150㎖
인스턴트 드라이 이스트 1t
흰깨 · 검은깨 각 1T

도구

파운드케이크 틀 2개
(8 × 17.5 × 6cm: 너비 × 깊이 × 높이)

준비하기

1   모든 재료는 미리 계량해서 준비한다.
    체에 밭친 강력분을 볼에 담고 설탕과 소금을 좌우 가장자리에 떨어뜨려 넣는다.

만들기

2   볼을 기울여 흑설탕 위에 미지근한 물을 한꺼번에 붓고, 이스트를 뿌린다. 이스트와 흑설탕이 녹도록 손가락으로 버무린다.

3   이스트가 녹으면 골고루 섞은 후, 반죽이 한 덩어리로 뭉쳐지면 도마 위에 꺼내 꼼꼼하게 치댄다.

4   반죽이 매끈해지면 스크래퍼로 2등분하고 Ⓐ, 볼 두 개에 나누어 담는다. 각각의 반죽에 흰깨와 검은깨를 몇 차례에 걸쳐 나누어 넣고 섞는다 Ⓑ.

5   표면을 잡아당기면서 둥글게 빚어 볼에 담고, 랩을 씌워 1차 발효시킨다(실온 25℃-50분, 실온 30℃-45분).

6   스크래퍼를 이용해 반죽을 도마 위에 꺼낸다. 동그랗게 뭉치며 가스를 빼고, 가볍게 눌러 스크래퍼로 4등분한다. 각 반죽 무게는 같게 조정한다.

7   동그랗게 모양을 잡은 후 Ⓒ, 물기를 꼭 짠 면포를 덮어 10분간 휴지시킨다.

8   반죽을 살짝 눌러 가스를 빼고 둥글게 모양을 잡는다. 틀에 넣어 이음매가 아래로 가도록 흰깨 반죽과 검은깨 반죽을 늘어놓고 Ⓓ,
    젖은 면포를 덮어 2차 발효시킨다 (실온 25℃-40분, 실온 30℃-35분). 오븐을 190℃로 예열해 둔다.

9   오븐에서 약 15~18분, 노릇노릇 갈색이 돌 때까지 굽는다.

호두빵

호두를 씹는 느낌을 즐길 수 있고, 호두 속껍질의 쌉쌀한 맛이 독특한 감칠맛을 자아낸다.
호두는 미리 오븐이나 프라이팬을 이용해 덖어 두면, 고소한 풍미와 단맛을 끌어올릴 수 있다.

재료

파운드케이크 틀 2개 분량

강력분 250g
흑설탕 1T
소금 1t
미지근한 물(35℃ 전후) 150㎖
인스턴트 드라이 이스트 1t
버터 5g
호두 50g

도구

파운드케이크 틀 2개
(8 × 17.5 × 6㎝: 너비 × 깊이 × 높이)

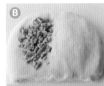

준비하기

1 모든 재료는 미리 계량해서 준비한다.
체에 밭친 강력분을 볼에 담고 설탕과 소금을 좌우 가장자리에 떨어뜨려 넣는다.

만들기

2 볼을 기울여 흑설탕 위에 미지근한 물을 한꺼번에 붓고, 이스트를 뿌린다. 이스트와 흑설탕이 녹도록 손가락으로 버무린다.

3 이스트가 녹으면 골고루 섞어, 가루가 보이지 않을 정도 되면 버터를 넣고 치댄다. 반죽이 한 덩어리로 뭉쳐지면 도마 위에 꺼내 다시 치댄다.

4 반죽이 매끈해지면 둥글게 모양을 잡고, 밀방망으로 20 × 15cm 타원형으로 민 다음, 반죽의 절반에 준비한 호두 절반을 얹는다 .

5 반죽 한가운데를 스크래퍼로 잘라 호두 위에 덮고 벌어지지 않도록 잘 맞물린다.

6 다시 반죽을 밀고, 호두 1/4을 반죽 절반에 얹어 , 반으로 자른 반죽을 덮는다. 이 과정을 다시 한번 반복한 후 동그랗게 모양을 잡는다 .

7 반죽을 볼에 담아 랩을 씌워 1차 발효시킨다 (실온 25℃ - 50분, 실온 30℃ - 45분).

8 스크래퍼를 이용해 반죽을 도마 위에 다시 꺼낸다. 둥글게 뭉치며 가스를 빼고, 지름 15cm 원형으로 만든 다음, 스크래퍼로 6등분한다.
각 반죽은 무게가 같게 조정한다.

9 다시 둥글게 모양을 빚은 다음, 물기를 꼭 짠 면포를 덮어 10분간 반죽을 휴지시킨다.

10 반죽을 살짝 눌러 가스를 빼고, 다시 모양을 잡는다. 틀에 넣어 이음매가 아래로 가도록 3개씩 놓고 , 젖은 면포를 덮어 2차 발효시킨다
(실온 25℃ - 40분, 실온 30℃ - 35분). 오븐을 190℃로 예열해 둔다.

11 오븐에서 약 15~18분 먹음직스러운 갈색이 돌 때까지 굽는다.

시나몬롤

시나몬과 비정제 흑설탕을 뿌린 반죽을 돌돌 말아 잘라내서 파운드케이크 틀에 넣어 굽는다.
토핑으로 크림치즈를 넣은 아이싱을 듬뿍 얹으면 커피와 찰떡궁합인 군침 도는 간식빵이 된다.

재료

파운드케이크 틀 2개 분량

강력분 250g
흑설탕 1T
소금 1t
미지근한 물(35℃ 전후) 150㎖
인스턴트 드라이 이스트 1t
버터 5g

도구

파운드케이크 틀 2개
(8 × 17.5 × 6㎝: 너비 × 깊이 × 높이)

필링

버터 10g
비정제 흑설탕(가루) 20g
시나몬 파우더 1/4t

아이싱

크림치즈 20g
버터 20g
그래뉼러당 20g

비정제 흑설탕은
'dark muscovado'
또는 '오키나와 흑설탕',
'유기농 비정제 설탕'
등으로 검색. 가루 제품
을 선택하는 게 좋다
_옮긴이

👨‍🍳 **Tip**

필링과 아이싱

필링이란 영어의
'fill(채우다)'에서
비롯된 단어로 카
레빵의 카레, 팥
빵의 팥소처럼 빵 안에 넣는 재료를 말한다.
아이싱은 설탕으로 만드는 크림으로 과자
장식 등에 사용한다. 여기서는 크림치즈를
넣은 진한 풍미의 아이싱을 사용한다.

 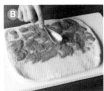   

준비하기

1 모든 재료는 미리 계량해서 준비한다. 오븐 시트 Ⓐ를 틀에 맞게 잘라 깔아 둔다.
체에 밭친 강력분을 볼에 담고 설탕과 소금을 좌우 가장자리에 떨어뜨려 넣는다.

만들기

2 볼을 기울여 흑설탕 위에 미지근한 물을 한꺼번에 붓고, 이스트를 뿌린다. 이스트와 흑설탕이 녹도록 손가락으로 버무린다.

3 이스트가 녹으면 골고루 섞어, 가루가 보이지 않을 정도 되면 버터를 넣고 치댄다. 반죽이 한 덩어리로 뭉쳐지면 도마 위에 꺼내 다시 치댄다.

4 반죽이 매끈해지면 표면을 잡아당겨 둥글게 모양을 잡아 볼에 담고, 랩을 씌워 1차 발효시킨다 (실온 25℃ – 50분, 실온 30℃ – 45분).

5 스크래퍼를 사용해 반죽을 도마 위에 꺼낸다. 다시 둥글게 뭉치며 가스를 빼고 물기를 꼭 짠 면포를 덮어 10분간 휴지시킨다.
필링으로 쓸 비정제 흑설탕과 시나몬 파우더를 섞어 둔다.

6 반죽을 살짝 눌러 가스를 빼고, 다시 둥글게 모양을 잡는다. 밀방망이를 이용해 약 30 × 25㎝ 직사각형 모양으로 민다.

7 반죽 가장자리부터 5㎝를 남기고 필링용 버터를 바르고, 시나몬 파우더를 섞은 비정제 흑설탕을 골고루 뿌린다 Ⓑ.
필링을 얹은 쪽부터 반죽을 돌돌 만다 Ⓒ.

8 6등분할 위치를 스크래퍼로 눌러 표시하고, 자를 위치에 40㎝가량의 실을 감고 실 양끝을 당겨서 자른다 Ⓓ.
틀에 반죽을 3개씩 넣고 Ⓔ, 젖은 면포를 덮어 2차 발효시킨다 (실온 25℃ – 40분, 실온 30℃ – 35분).

9 아이싱 재료를 숟가락으로 잘 섞어 둔다. 크림치즈는 실온에 꺼내 부드러운 상태로 만든 다음 섞는다. 오븐을 190℃로 예열해 둔다.

10 오븐에서 약 15~18분 굽고, 다 구워지면 틀에서 꺼낸다. 틀에서 꺼내자마자 빵 위에 숟가락으로 아이싱을 바른다.

치즈빵

볶은 양파와 햄에 치즈를 토핑으로 얹어서 구운 속이 꽉 찬 빵이다.
치즈를 넣은 빵과 호두를 넣은 빵 두 종류를 동시에 굽는다.

재료

파운드케이크 틀 2개 분량

강력분 260g
흑설탕 1T
소금 1t
미지근한 물(35℃ 전후) 150㎖
인스턴트 드라이 이스트 1t
버터 5g

도구

파운드케이크 틀 2개
(8 × 17.5 × 6㎝: 너비 × 깊이 × 높이)

필링

양파 약 1/2개
햄 20g
마늘 1톨
식용유 1t
흑후추 약간
큐브 치즈 20g
호두 30g

토핑

피자 치즈 20g

  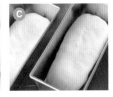  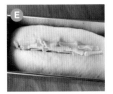

준비하기

1 필링을 준비한다.
   - 마늘과 양파는 잘게 다지고, 햄은 먹기 좋은 크기로 썬다.
   - 프라이팬에 식용유를 두르고 달구어, 마늘을 볶아 향을 낸 다음, 양파와 햄을 넣고 흑후추로 맛을 조절한다.
   - 키친타월 위에 올려 식힌다. 큐브 치즈는 1cm 크기로 깍둑썰기한다. 호두는 프라이팬에 살짝 볶는다.

2 모든 재료는 미리 계량해서 준비한다. 체에 밭친 강력분을 볼에 담고 흑설탕과 소금을 좌우 가장자리에 떨어뜨려 넣는다.

만들기

3 볼을 기울여 흑설탕 위에 미지근한 물을 한꺼번에 붓고, 이스트를 뿌린다. 이스트와 흑설탕이 녹도록 손가락으로 버무린다.

4 이스트가 녹으면 골고루 섞어, 가루가 보이지 않을 정도 되면 버터를 넣고 치댄다. 반죽이 한 덩어리로 뭉쳐지면 도마 위에 꺼내 다시 치댄다.

5 반죽이 매끈해지면 표면을 잡아당겨 둥글게 모양을 잡아 볼에 담고, 랩을 씌워 1차 발효시킨다 (실온 25℃ - 50분, 실온 30℃ - 45분).

6 스크래퍼를 사용해 반죽을 도마 위에 꺼낸다. 둥글게 뭉치며 가스를 빼고, 살짝 눌러 2등분한다. 반죽을 각각 다시 뭉쳐 모양을 잡고, 물기를 꼭 짠 면포를 덮어 10분간 휴지시킨다.

7 반죽을 살짝 눌러 가스를 빼고, 다시 둥글게 모양을 잡는다. 밀방망이를 이용해 각각 20 × 15cm 직사각형 모양으로 민다. 반죽 가장자리에서 5cm를 남기고 필링을 절반씩 올린다 Ⓐ. 한쪽 반죽에는 큐브 치즈, 다른 반죽에는 호두를 얹는다 Ⓑ. 필링이 얹어져 있는 쪽부터 반죽을 돌돌 말아, 이음매가 아래로 가도록 틀에 넣는다 Ⓒ. 젖은 면포를 덮어 따뜻한 곳에서 2차 발효시킨다 (실온 25℃ - 40분, 실온 30℃ - 35분). 오븐을 180℃로 예열해 둔다.

8 2차 발효 후, 반죽 가운데에 칼집을 넣는다 Ⓓ. 칼집 위에 피자 치즈를 절반씩 얹고 Ⓔ, 오븐에서 약 25분, 치즈가 노릇노릇해질 때까지 굽는다.

옥수수빵

말린 옥수수를 빻아 가루로 만들어 볶은 옥수숫가루를 반죽에 넣고, 옥수수 통조림을 섞었다.
자연스러운 단맛이 감돌며 한끼 식사로도 제격이다.

재료

8개 분량
강력분 200g
박력분 20g
옥수숫가루 30g
흑설탕 2T
소금 1t
미지근한 물(35℃ 전후) 150㎖
인스턴트 드라이 이스트 1t
버터 5g
옥수수(통조림) 70g

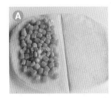    

준비하기

1   모든 재료는 미리 계량해서 준비한다. 옥수수는 물기를 제거하고, 50g과 20g으로 나누어 둔다.
     강력분과 박력분, 옥수숫가루를 체에 밭쳐 볼에 담고 흑설탕과 소금을 좌우 가장자리에 떨어뜨려 넣는다.

만들기

2   볼을 기울여 흑설탕 위에 미지근한 물을 한꺼번에 붓고, 이스트를 뿌린다. 이스트와 흑설탕이 녹도록 손가락으로 버무린다.

3   이스트가 녹으면 골고루 섞은 후, 반죽이 한 덩어리로 뭉쳐지면 도마 위에 꺼내 꼼꼼하게 치댄다.
     가루가 보이지 않을 정도 되면 버터를 넣고 반죽에 스며들도록 버무린다.

4   반죽이 매끈해지면 둥글게 모양을 잡아, 밀방망이로 민다. 민 반죽 절반에 옥수수 50g을 올린다 Ⓐ.
     반죽 한가운데를 스크래퍼로 자르고, 옥수수 위를 덮어 잘 여민다 Ⓑ.

5   다시 밀방망이로 밀고, 반죽 절반에 옥수수 20g을 얹고, 반죽 가운데를 잘라 옥수수를 덮어 잘 맞물린다.

6   표면을 잡아당겨 둥글게 모양을 잡아 볼에 담고, 랩을 씌워 1차 발효시킨다 (실온 25℃ - 50분, 실온 30℃ - 45분).

7   스크래퍼를 이용해 반죽을 도마 위에 꺼낸다. 둥글게 뭉치며 가스를 빼고, 살짝 눌러 스크래퍼로 8등분한다 Ⓒ.

8   동그랗게 모양을 잡은 후 물기를 꼭 짠 면포를 덮어 10분간 휴지시킨다.

9   반죽을 눌러 가스를 빼고 다시 둥글게 모양을 잡는다. 옥수숫가루(분량 외)를 솔솔 뿌린다.

10   시트를 깐 오븐팬에 이음매가 아래로 가도록 가지런하게 놓고, 반죽 가운데에 나이프로 열십자 모양의 칼집을 넣는다 Ⓓ.
      물기를 꼭 짠 면포를 덮어 2차 발효시킨다 (실온 25℃ - 40분, 실온 30℃ - 35분). 오븐을 190℃로 예열해 둔다.

11   오븐에서 18~20분 굽는다 Ⓔ.

통밀빵과 함께 곁들이면 좋아요!

비프 스튜

재료   4인분

양파 1개
감자 3개
당근 1개
양송이버섯 8개
마늘 1쪽
카레용 돼지고기 150g
소금 · 통후추 간 것 적당량
올리브오일 1T

국물 소스

데미글라스 소스 통조림 1개(290g)
치킨스톡 1t
간장 1t
설탕 1t
소금 1/2t
물 200㎖

만들기   1 양파는 약 1cm 너비로 썬다. 감자와 당근은 한입 크기로 썬다. 양송이버섯은 밑동의 딱딱한 뿌리를 잘라내고, 얄팍하게 썬다.
당근도 얇게 썬다. 카레용 돼지고기는 먹기 좋은 크기로 잘라 통후추 간 것과 소금을 뿌려 밑간한다.

2 냄비에 올리브오일을 두르고 달군 다음 약불로 낮추어 마늘을 넣어 볶는다.
마늘 항이 돌면 카레용 돼지고기를 넣고 살짝 볶다가 양파와 감자, 당근, 양송이버섯을 차례대로 넣고 볶는다.

3 채소가 숨이 죽으면 국물 소스 재료를 넣고 한소끔 끓이고, 통후추 간 것과 소금을 넣어 간을 맞춘다.

콩 마리네

재료   4인분

믹스 콩 통조림 1개(120g)
삶은 풋콩(냉동) 100g
방울토마토 10개
오이 1개

무순 1/2팩
올리브오일 1T
허브 소금 적당량
통후추 간 것 적당량

만들기   1 믹스 콩 통조림은 국물을 따라내고 물기를 제거한다. 삶은 풋콩은 해동해서 깍지를 까고 알맹이만 준비한다.

2 방울토마토는 반으로 자르고, 오이는 1㎝ 크기로 깍둑썰기한 다음, 소금(분량 외)을 살짝 뿌려 절여 둔다.

3 볼에 믹스 콩 통조림, 삶은 풋콩, 방울토마토, 오이를 넣고 올리브오일에 버무려 허브 소금과 후추를 뿌려 간을 맞춘다.

4 먹기 직전에 뿌리를 자른 무순을 곁들여 낸다.

일본풍 그라탱

재료 | 4인분 | 일본풍 그라탱 소스 | 화이트 소스
무 150g | 마늘 된장 1T | 양파 1/2개
감자 3개 | 맛술 1T | 버터 30g
파 1뿌리 | 간장 1T | 밀가루 20g
닭 다릿살 150g | 물 2T | 우유 300㎖
식용유 1t | 참기름 1/2T
피자 치즈 30g

만들기

1 일본풍 그라탱 소스 재료를 합쳐서 골고루 섞어 둔다.

2 무와 감자는 나박썰기 하고, 파와 닭 다릿살은 한입 크기로 썬다.

3 프라이팬에 식용유를 두르고 달군 뒤 닭 다릿살, 감자, 무를 중불에서 볶는다. 재료가 쌀캉하게 익으면 파를 넣어 가볍게 볶고, 1을 두른 다음, 그라탱 접시에 담는다.

4 화이트 소스를 만든다. 프라이팬에 버터를 넣고 약불로 가열하다가 버터가 녹으면 얇게 썬 양파를 넣고 볶는다. 버터가 전체적으로 어우러지면 밀가루를 조금씩 넣는다. 나무주걱으로 저어가면서 우유를 조금씩 넣고, 가루가 보이지 않고 윤기가 돌면 불에서 내린다.

5 3 위에 화이트 소스를 끼얹고 피자 치즈를 올린다.

6 200℃로 예열한 오븐에서 약 15분, 표면에 노릇노릇하게 색이 날 때까지 굽는다.

마늘 된장 만드는 법

재료 | 다진 마늘 50g | 설탕 100g
다진 파 50g | 일본 된장 100g
청주 200cc

만들기

1 마늘, 양파, 청주, 설탕을 한꺼번에 냄비에 넣고 불을 켠다.

2 수분이 1/3로 줄어들 때까지 자작하게 졸인다.

3 원하는 농도로 졸아들면 불에서 내린다. 식으면 밀폐용기에 담아 냉장실에 보관한다. 쌈장처럼 채소나 고기에 곁들이거나, 고기볶음 요리 등에 활용할 수 있다. 한식 된장보다 덜 짜고 달콤해 아이들도 좋아한다. 미리 만들어 둔 마늘 된장에 다진 돼지고기나 가지 등의 채소만 볶아내도 간편하게 반찬 한 가지를 완성할 수 있다.

진저 밀크티

재료 | 4인분
홍차 1T
생강(얇게 저며 준비) 3~4장
물 200㎖
우유 100㎖

만들기

1 찻주전자를 따뜻하게 데워둔다. 우유를 실온에 미리 꺼내 둔다. 생강 1장을 얇게 채썬다.

2 냄비에 생강 2~3장과 물을 넣고 끓이다가, 팔팔 끓어오르면 홍차잎을 넣고 2~3분 끓이면서 우린다.

3 우유를 넣고 찻주전자에 우린 홍차를 넣고, 티 코지(tea cozy, 찻주전자를 덮어 온도를 유지하는 보온 덮개. 없으면 두꺼운 수건 등을 덮어 둔다─옮긴이)를 덮어 2분간 그대로 둔다.

4 찻잔에 따르고 취향에 따라 설탕(분량 외)을 넣고, 채 썬 생강을 2~3조각 곁들인다.

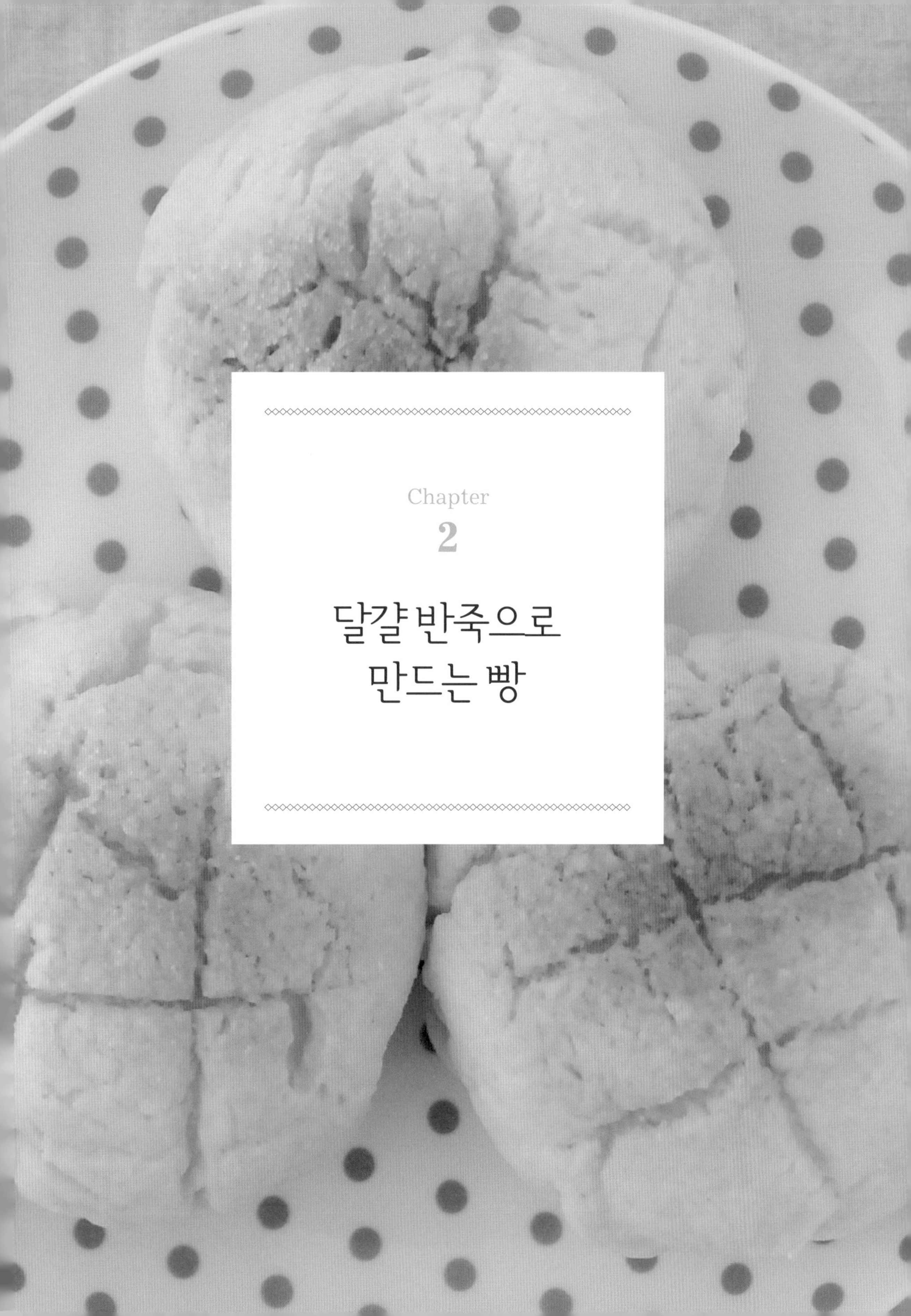

Chapter
2

달걀 반죽으로 만드는 빵

롤빵

폭신폭신하고 부드러운 달걀 반죽으로 구워낸 롤빵.
반죽을 돌돌 감는 작업이 약간 까다로워, 빵 만들기에 어느 정도 익숙해지고 나서 도전하면 좋다.

재료

8개 분량

강력분 200g
박력분 50g
흑설탕 2T
소금 1t
달걀 1개
미지근한 물(35℃ 전후) 120~130㎖
인스턴트 드라이 이스트 1t
버터 20g

준비하기

1 재료 준비하기

모든 재료는 미리 계량해서 준비한다. 강력분
과 박력분을 체에 밭쳐 볼에 담고, 흑설탕과
소금을 좌우 가장자리에 떨어뜨려 넣는다.

2 달걀 풀기

달걀을 풀어서 체에 한 번 거른다.

 Tip

달걀은 25g을 반죽에, 나머지는 표면에 발라 윤기
를 낼 때 사용한다.

3 물에 달걀 섞기

미지근한 물과 달걀을 150㎖가 되도록 섞는다.

만들기

4 달걀 물과 이스트 넣기

볼을 살짝 기울여 흑설탕 위에 달걀 섞은 물
을 붓고, 이스트를 뿌린다.

5 버터 넣기

이스트가 녹도록 잘 섞어, 가루가 보이지 않
을 정도 되면 버터를 넣고 반죽에 스며들도록
버무린다.

6 한 덩어리가 될 때까지 치대기

한 덩어리로 뭉쳐질 때까지 치댄다. 반죽이
손에 묻지 않게 되면 도마 위로 옮긴다.

계속

7 도마 위에서 치대기

반죽을 도마 위에 올리고, 손바닥으로 누르면서 밀고 접었다가, 방향을 90도 바꿔 다시 밀고 접기를 여러 번 반복한다. 표면이 매끈해질 때까지 10분가량 치댄다.

8 볼에 담아 1차 발효

한 덩어리로 뭉쳐진 반죽을 볼에 담아 랩을 씌워 1차 발효시킨다.

 실온과 시간 기준

25℃-50분, 30℃-45분(20℃ 전후는 118쪽 참조)

9 1차 발효 완료

손가락으로 살짝 눌러 자국이 남으면 1차 발효 완료. 손가락 자국이 스르르 사라지면 발효가 덜 된 상태이므로 5분가량 더 둔다.

10 가스 빼고 둥글게 뭉치기

스크래퍼로 반죽을 떠올려 이음매가 위로 가도록 도마 위에 꺼낸다. 90도씩 돌려가면서 좌우를 접어 가스를 뺀다. 뒤집어서 양손으로 반죽을 잡아당기며 둥글게 뭉친다.

11 반죽 8등분하기

이음매가 아래로 가도록 놓고, 살짝 눌러 스크래퍼로 2등분하고, 각각을 다시 4등분한다. 스크래퍼로 눌러 가볍게 표시한 다음 단숨에 잘라야 깔끔하게 잘린다.

12 한 개씩 꺼내 모양 잡기

자른 반죽 위에 물기를 꼭 짠 면포를 덮어 놓고, 한 개씩 꺼내 뭉치며 모양을 잡는다.

13 둥글게 빚기

절단면이 아래로 가도록 둥글게 빚어 이음매를 아래로 해서 가지런하게 놓는다.

14 젖은 면포 덮어 휴지시키기

젖은 면포를 덮어 반죽을 10분간 휴지시킨다. 오븐팬에 오븐 시트를 깔아 둔다.

15 가스 빼기

반죽을 한 개씩 꺼내 양 손 가락 끝으로 2~3회 눌러 가스를 뺀다. 옆으로 긴 타원 모양이 되도록 눌러서 모양을 잡는다.

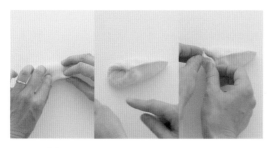

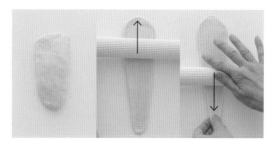

16 물방울 모양으로 빚기

몸에서 먼 쪽에서 몸쪽으로 가장자리가 맞물리게 접는다. 접은 부분을 살짝 세워 이음매가 봉긋하게 되도록 한쪽(오른쪽) 끝에서부터 매만 진다. 2/3 지점에서 왼쪽 끄트머리를 접어 올려 맞물린다.

17 밀방망이로 밀기

이음매가 아래로 가도록 놓고 90도 회전시켜, 위에서 2~3회 가볍게 눌러 평평하게 매만진다. 밀방망이로 길이 20cm, 너비가 넓은 부분이 5cm가 되도록 민다. 가운데에서 몸 바깥쪽, 가운데에서 몸 쪽으로 밀 방망이를 2~3회 굴린다. 몸쪽으로 밀 때는 한 손으로 반죽을 살짝 잡 아당기면서 밀어준다.

18 반죽 말기

너비가 넓은 쪽부터 돌돌 말아 좁은 쪽을 향해 굴린다. 살살 말면 동그스 름한 모양으로, 손끝에 야무지게 힘을 주고 말면 살짝 뾰족한 모양으로 완 성된다. 이음매는 손끝으로 살짝 꼬집어 맞물린다.

19 2차 발효

이음매가 아래로 가도록 오븐팬에 가지런하 게 놓고, 젖은 면포를 덮어 2차 발효시킨다. 오븐을 190℃로 예열해 둔다.

 실온과 시간 기준 ————

25℃-40분, 30℃-35분(20℃ 전후는 118쪽 참조)

20 달걀을 발라 윤기 내기

솔로 반죽 표면에 남은 달걀을 얇게 바른다.

21 굽기

오븐에서 약 13~15분 먹음직스러운 갈색이 될 때까지 굽는다.

멜론빵

쿠키 반죽을 덮어 굽는 멜론빵. 겉면의 바삭함과 속의 촉촉한 식감이 매력적이다.
작게 만들어 부담 없이 먹을 수 있어 어린이 간식으로도 안성맞춤!

재료

8개 분량

강력분 200g
박력분 50g
흑설탕 2T
소금 1t
달걀 푼 것 25g
미지근한 물(35℃ 전후) 120~130㎖
인스턴트 드라이 이스트 1t
버터 20g

쿠키 반죽

박력분 120g
버터 50g
그래뉼러당 50g
달걀 푼 것 20g

 Tip

쿠키 반죽에 초콜릿칩을 약간 넣거나, 순서 11의 쿠키 반죽으로 감싼 후에 그래뉼러당을 솔솔 뿌려도 색다른 맛을 낼 수 있다.

준비하기

1 달걀은 잘 풀어서 체에 한 번 거르고, 빵 반죽용과 쿠키 반죽용으로 나누어 둔다.

2 쿠키 반죽을 만든다.
  - 실온에 꺼내 둔 버터를 볼에 넣고, 거품기로 크림같은 상태가 되도록 섞는다.
  - 그래뉼러당을 두 번에 나누어 넣고 하얗게 될 때까지 섞는다. 다시 미리 풀어 둔 달걀을 두 번에 나누어 넣고 섞는다.
  - 체에 밭친 박력분을 넣고, 실리콘 주걱으로 가볍게 섞는다Ⓐ. 가루가 보이지 않을 정도가 되면 랩을 씌워 냉장실에서 30분 이상 식힌다.

3 반죽 재료를 전부 계량해 둔다. 미리 풀어 둔 달걀에 미지근한 물을 섞어서 150㎖가 되도록 한다.
   강력분과 박력분을 체에 밭쳐 볼에 담고, 흑설탕과 소금을 좌우 가장자리에 떨어뜨려 넣는다.

만들기

4 볼을 기울여 흑설탕 위에 3의 달걀 물을 한꺼번에 붓고, 이스트를 뿌린다. 이스트와 흑설탕이 녹도록 손가락으로 버무린다.

5 이스트가 녹으면 골고루 섞은 후, 반죽이 한 덩어리로 뭉쳐지면 도마 위에 꺼내 꼼꼼하게 치댄다.
   잘 섞여 가루가 보이지 않을 정도 되면 버터를 넣고 반죽에 골고루 스며들도록 버무린다.

6 반죽이 매끈해지면 표면을 잡아당기며 둥글게 뭉쳐 볼에 담고, 랩을 씌워 1차 발효시킨다 (실온 25℃-50분, 실온 30℃-45분).

7 2의 쿠키 반죽을 냉장실에서 꺼내 스크래퍼로 8등분해서 둥글게 뭉치고Ⓑ, 냉장실에 다시 넣는다.

8 스크래퍼를 사용해 반죽을 도마 위에 꺼낸다. 둥글게 뭉치며 가스를 빼고, 살짝 눌러 스크래퍼로 8등분한다.

9 다시 둥글게 뭉치며 모양을 잡은 후, 물기를 꼭 짠 면포를 덮어 10분간 휴지시킨다.

10 7의 쿠키 반죽을 냉장실에서 꺼내, 각각 지름 10cm의 원으로 민다. 밀 때는 반죽을 랩과 랩 사이에 끼운 상태로 진행한다Ⓒ.

11 휴지가 끝나면 반죽을 가볍게 눌러 가스를 빼고, 둥글게 뭉친다. 빵 반죽을 쿠키 반죽으로 감싸고Ⓓ→Ⓔ, 나이프로 격자무늬를 그린다Ⓕ.

12 물기를 꼭 짠 면포를 덮어 2차 발효시킨다 (실온 25℃-40분, 실온 30℃-35분). 오븐을 190℃로 예열해 둔다.

13 오븐에서 약 15분, 쿠키 반죽에 살짝 갈색이 돌 때까지 굽는다.

커스터드 크림빵

어려워서 섣불리 만들 엄두를 내지 못하던 커스터드 크림을 전자레인지로
간편하게 만들 수 있다. 폭신한 반죽과 부드러운 크림이 어우러져, 한 입 베어 물면
자연스럽게 배시시 미소 짓게 되는 간식빵이다. 취향에 따라 바닐라 에센스를 첨가해 향을 내도 좋다.

재료

6개 분량

강력분 200g
박력분 50g
흑설탕 2T
소금 1t
달걀 푼 것 25g
미지근한 물(35℃ 전후) 120~130㎖
인스턴트 드라이 이스트 1t
버터 20g
달걀 푼 것(광택용) 적당량

커스터드 크림

박력분 50g
우유 150㎖
그래뉼러당 50g
달걀노른자 3개 분량

 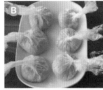  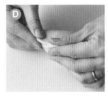 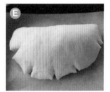

준비하기

1 커스터드 크림을 만든다.
- 내열성 볼에 박력분과 그래뉼러당을 담아 거품기로 섞고, 우유를 부어 다시 섞는다.
- 랩을 씌워 전자레인지에 1분 가열한다. 달걀노른자를 풀어서 넣고 섞은 후, 전자레인지에 넣고 되직해지는 상태를 봐가며 30초씩 돌린다.
- 가장자리가 굳으면 꺼내서 저어주고 다시 넣기를 반복한다. 숟가락으로 동그랗게 뭉쳐지는 정도가 되면 멈춘다 Ⓐ.
- 6등분해서 동그랗게 뭉치고, 각각을 랩으로 싼다 Ⓑ. 냉장실에 넣는다.

2 반죽 재료는 모두 계량해 둔다. 미리 풀어 둔 달걀에 미지근한 물을 섞어서 150㎖가 되도록 한다.
강력분과 박력분을 체에 받쳐 볼에 담고, 흑설탕과 소금을 좌우 가장자리에 떨어뜨려 넣는다.

만들기

3 볼을 기울여 흑설탕 위에 2의 달걀 물을 한꺼번에 붓고, 이스트를 뿌린다. 이스트와 흑설탕이 녹도록 손가락으로 버무린다.

4 이스트가 녹으면 골고루 섞은 후, 반죽이 한 덩어리로 뭉쳐지면 도마 위에 꺼내 꼼꼼하게 치댄다.
잘 섞여 가루가 보이지 않을 정도가 되면 버터를 넣고 반죽에 골고루 스며들도록 버무린다.

5 반죽이 매끈해지면 표면을 잡아당기며 둥글게 뭉쳐 볼에 담고, 랩을 씌워 1차 발효시킨다 (실온 25℃ - 50분, 실온 30℃ - 45분).

6 스크래퍼를 이용해 반죽을 도마 위에 꺼낸다. 둥글게 뭉치며 가스를 빼고, 살짝 눌러 스크래퍼로 6등분한다.

7 다시 둥글게 모양을 잡고, 물기를 꼭 짠 면포를 덮어 10분간 휴지시킨다.

8 휴지가 끝나면 반죽을 가볍게 눌러 가스를 빼고, 둥글게 뭉친다. 밀방망이로 지름 12cm가량의 원 모양으로 밀어,
반죽 중앙에 1에서 만든 커스터드 크림을 얹고, 감싸서 Ⓒ 만두를 빚듯 잘 맞물린다 Ⓓ.

9 가장자리에 나이프로 0.5cm 정도 칼집을 넣고 Ⓔ, 오븐 시트를 깐 오븐팬에 가지런하게
늘어놓고, 물기를 꼭 짠 면포를 덮어 2차 발효시킨다 (실온 25℃ - 40분, 실온 30℃ - 35분).
오븐을 190℃로 예열해 둔다.

10 풀어 둔 달걀을 반죽 표면에 얇게 바르고, 오븐에서 15~18분 굽는다.

풋콩앙금빵

풋콩을 으깨 만든 풍미 짙은 앙금을 속에 꽉 채운 빵.
수분이 많아 반죽으로 앙금을 감싸는 과정이 자칫 까다롭게 느껴질 수 있다.
앙금이 너무 부드러우면 졸여서 사용한다. 물론 풋콩 대신 단팥으로 앙금을 만들어도 맛은 보장!

재료

8개 분량

강력분 200g
박력분 50g
흑설탕 2T
소금 1t
달걀 푼 것 25g
미지근한 물(35℃ 전후) 120~130㎖
인스턴트 드라이 이스트 1t
버터 20g
풋콩 앙금 250g
양귀비 깻묵 적당량 ┄┄┄┄┄┄

> **양귀비 깻묵:** 영어 표기(poppy seed) 그대로 '포피 씨드', '퍼피 씨드', '파피 씨드' 등으로 불린다. 참깨보다 입자가 작고 특유의 풍미가 있지만, 쉽게 구할 수 없다. 참깨로 대체해도 된다_옮긴이

준비하기

1 풋콩 앙금을 8등분해서 경단처럼 동글동글하게 빚어두고, 각각을 랩으로 싸서 냉장실에 넣어 둔다 Ⓐ.

2 반죽 재료는 모두 계량해 둔다. 미리 풀어 둔 달걀에 미지근한 물을 섞어서 150㎖가 되도록 한다.
   강력분과 박력분을 체에 밭쳐 볼에 담고, 흑설탕과 소금을 좌우 가장자리에 떨어뜨려 넣는다.

만들기

3 볼을 기울여 흑설탕 위에 2의 달걀 물을 한꺼번에 붓고, 이스트를 뿌린다. 이스트와 흑설탕이 녹도록 손가락으로 버무린다.

4 이스트가 녹으면 골고루 섞은 후, 반죽이 한 덩어리로 뭉쳐지면 도마 위에 꺼내 꼼꼼하게 치댄다.
   잘 섞여 가루가 보이지 않을 정도가 되면 버터를 넣고 반죽에 골고루 스며들도록 버무린다.

5 반죽이 매끈해지면 표면을 잡아당기며 둥글게 뭉쳐 볼에 담고, 랩을 씌워 따뜻한 곳에 두고 1차 발효시킨다
   (실온 25℃ - 50분, 실온 30℃ - 45분).

6 1차 발효 후, 스크래퍼를 사용해 반죽을 도마 위에 꺼낸다. 둥글게 뭉치며 가스를 빼고, 살짝 눌러 스크래퍼로 8등분한다.

7 둥글게 뭉치며 모양을 잡은 후, 물기를 꼭 짠 면포를 덮어 10분간 휴지시킨다.

8 휴지 후, 반죽을 가볍게 눌러 가스를 빼고, 다시 둥글게 뭉친다.
   밀방망이로 지름 10cm 원 모양으로 밀고, 반죽 가운데에 풋콩 앙금을 얹고 감싼 다음 가장자리를 잘 여민다 Ⓑ → Ⓒ.

9 오븐 시트를 깐 오븐팬에 이음매가 아래로 가도록 가지런하게 놓고, 가운데를 손가락으로 살짝 눌러 옴폭 들어가게 만든다 Ⓓ.
   물기를 꼭 짠 면포를 덮어 2차 발효시킨다 (실온 25℃ - 40분, 실온 30℃ - 35분). 오븐을 190℃로 예열해 둔다.

10 풀어 둔 달걀을 반죽 표면에 얇게 바르고, 양귀비 깻묵을 얹어서 Ⓔ, 오븐에서 13~15분 굽는다.

카레빵

분쇄육에 채소의 감칠맛을 더해 옹골차게 속을 채운 카레빵.
재료도 맛도 자유자재. 빵가루를 입혀 기름을 뿌리고 오븐에서 구워내면 맛과 영양도 일품이다.

재료

6개 분량
강력분 200g
박력분 50g
흑설탕 2T
소금 1t
달걀 푼 것 25g
미지근한 물(35℃ 전후) 120~130㎖
인스턴트 드라이 이스트 1t
버터 20g

카레 필링
양파 1개
소금·후추 적당량
카레 가루 2t
피망 2개
식용유 2T
우스터소스 1T
당근 1/2개
물 100㎖

케첩 1T
돼지고기 분쇄육 100g
스톡 큐브 1개 ⋯⋯⋯⋯⋯⋯
박력분 1T

토핑
빵가루 50g
식용유 6T

> **스톡 큐브:** 국산과 수입 제품의 염도와 맛이 다르므로 치킨 스톡이나 채소 스톡 등 취향과 입맛에 따라 선택한다. 대형 마트와 백화점, 인터넷의 조미료 코너에서 살 수 있다_옮긴이

준비하기

1   카레 필링을 만든다.
   - 양파는 다지고, 피망과 당근은 1cm 크기로 깍둑썰기한다.
   - 프라이팬에 식용유를 두르고 달군 다음, 돼지고기, 각종 채소를 순서대로 볶다가 소금과 후추로 간을 맞춘다.
   - 채소가 숨이 죽으면 미리 부숴둔 스톡 큐브와 물을 넣고 한소끔 끓이다가, 카레 가루를 넣는다.
   - 국물이 졸아들면 우스터소스와 케첩, 박력분을 넣고 골고루 섞은 다음 3분가량 더 끓인다. 한 김 식으면 6등분해서 랩에 싸둔다 .

2   반죽 재료는 모두 계량해 둔다. 풀어 둔 달걀에 미지근한 물을 섞어서 150㎖가 되도록 한다.
   강력분과 박력분을 체에 밭쳐 볼에 담고, 흑설탕과 소금을 좌우 가장자리에 떨어뜨려 넣는다.

만들기

3   볼을 기울여 흑설탕 위에 **2**의 달걀 물을 한꺼번에 붓고, 이스트를 뿌린다. 이스트와 흑설탕이 녹도록 손가락으로 버무린다.

4   이스트가 녹으면 반죽 전체를 골고루 섞어, 한 덩어리가 되면 도마 위에 꺼내 힘차게 치댄다.
   잘 섞여 가루가 보이지 않을 정도가 되면 버터를 넣고 반죽에 골고루 스며들도록 버무린다.

5   반죽이 매끈해지면 표면을 잡아당기며 둥글게 뭉쳐 볼에 담고, 랩을 씌워 1차 발효시킨다 (실온 25℃ - 50분, 실온 30℃ - 45분).

6   스크래퍼를 사용해 반죽을 도마 위에 꺼낸다. 둥글게 뭉치며 가스를 빼고, 살짝 눌러 스크래퍼로 6등분한다.

7   다시 둥글게 뭉치며 모양을 잡은 후, 물기를 꼭 짠 면포를 덮어 10분간 휴지시킨다.

8   휴지 후, 반죽을 가볍게 눌러 가스를 빼고, 다시 둥글게 뭉친다.
   밀방망이로 지름 12cm 원 모양으로 밀고, 반죽 가운데 **1**의 카레 필링을 얹고 반달 모양으로 감싸 만두를 빚듯 잘 맞물린다  → .

9   오븐 시트를 깐 오븐팬에 가지런하게 올려놓고, 물기를 꼭 짠 면포를 덮어 2차 발효시킨다 (실온 25℃ - 40분, 실온 30℃ - 35분).
   오븐을 200℃로 예열해 둔다.

10   풀어 둔 달걀을 반죽 표면에 얇게 바르고 , 빵가루를 뿌려 덧입힌다. 반죽 1개당 식용유 1T씩 끼얹고 , 오븐에서 15~18분 굽는다.

Column

빵과 찰떡궁합

그냥 먹어도 맛있는 빵을 더욱 맛있게 만들어주는 빵의 '단짝'을 한 자리에 모았다.
기분과 계절에 따라 다양하게 조합하는 방법을 소개한다.

아마자케

아마자케는 시간적 여유가 있는 휴일 아침에 느긋하게 빵과 곁들여 마시면 좋다. 다양한 제품을 비교해 보고, 빵과 어울리는 맛을 찾는 재미도 즐겨보자.

*아마자케(甘酒): 쌀로 청주를 만들고 남은 술지게미에 쌀과 물을 섞어 만든 일본 전통 음료. 아이들이나 술을 마시지 못하는 사람이 마실 수 있도록 술지게미 대신 쌀이나 찹쌀에 누룩을 넣어 만든 무알코올 제품도 있다. 따뜻하게 또는 차갑게 마신다_옮긴이

라즈베리 잼

신맛이 당기는 경우에는 딸기나 블루베리보다 라즈베리 잼을 추천한다. 기본적인 빵부터 호두나 견과류가 들어간 빵에 곁들여도 다 잘 어울린다.

요구르트

빵에 요구르트와 시리얼을 곁들이면 건강한 한 끼 식사가 된다.

밀크티

빵과 밀크티의 조합도 신선하다. 찻주전자에 찻잎을 넣고 우려낸 다음 근사한 찻잔에 따라 마시거나 큼직한 머그에 담아 넉넉하게 즐겨도 좋다.

꿀

따뜻하고 바삭한 토스트에 버터와 꿀을 발라 먹으면 고소하고 달콤한 맛을 즐길 수 있다.

탄산수

더운 여름날 아침에는 탄산수로 시원하게 시작해 보면 어떨까? 향이 첨가된 제품 대신 생레몬을 직접 짜 넣으면 훨씬 고급스러운 맛과 향을 즐길 수 있다.

Chapter

3

틀을 사용해
만드는 빵

영국식 기본식빵

이름 그대로 영국에서 태어난 식빵으로, 봉긋하게 부푼 산 모양이 특징이다.
토스터로 구우면 산 부분이 바삭바삭한 식감으로 변한다.
샌드위치와 프렌치토스트 등 먹는 방법도 다채롭다.

재료

식빵 틀 1개 분량
초강력분 310g
흑설탕 1T
소금 1t
미지근한 물(35℃ 전후) 200㎖
인스턴트 드라이 이스트 1·1/2t
버터 5g

도구

식빵 틀 1개
(21.5 × 9 × 9㎝ : 너비 × 깊이 × 높이)

> 👨‍🍳 **Tip**
>
> **식빵 틀**
>
> 식빵 틀(340g 이상)은 빵을 구울
> 수 있는 슬라이스 방식 틀로 뚜껑
> 이 있는 제품을 사용했다. 뚜껑을
> 덮으면 네모난 식빵을 구울 수 있
> 고, 덮지 않
> 으면 산 모양으
> 로 봉긋하게 부푼
> 빵을 구울 수 있다.

준비하기

1 재료 준비하기

모든 재료는 미리 계량해 둔다. 초강력분과
강력분을 체에 밭쳐 볼에 담고 흑설탕과 소금
을 좌우 가장자리에 떨어뜨려 넣는다.

만들기

2 물과 이스트 넣기

볼을 살짝 기울여 흑설탕 위에 미지근한 물을
한꺼번에 붓고, 이스트를 흩뿌린다.

3 흑설탕 쪽부터 섞기

볼을 기울인 채 이스트와 흑설탕을 녹인다는
느낌으로 손가락 끝으로 버무리며 섞는다.

4 골고루 치대기

이스트가 녹으면 볼 바닥에서 반죽을 퍼 올린
다는 느낌으로 골고루 섞는다. 아래에서 떠서
손으로 꼭꼭 주무르며 바닥 쪽으로 치대는 동
작을 반복한다.

5 버터 넣기

잘 섞여 가루가 보이지 않을 정도 되면 버터
를 넣고 꾹꾹 눌러서 반죽에 골고루 스며들도
록 버무린다.

계속 ➘

6 한 덩어리가 될 때까지 치대기

손에 묻은 반죽을 떼 내서 볼 안에 넣고 한 덩어리가 될 때까지 함께 치댄다.

7 반죽 도마 위로 옮기기

반죽이 손에 묻지 않으면 도마 위로 옮긴다.

8 도마 위에서 치대기

반죽을 도마 위에 올리고, 손바닥으로 누르면서 밀고 접었다가, 방향을 90도 바꿔 다시 밀고 접기를 여러 번 반복한다. 반죽 표면이 매끄러워질 때까지 10분가량 치댄다.

9 반죽을 잡아당겨 모양 잡기

양손으로 감싸듯 들고 반죽을 돌리면서 표면을 잡아당겨 밑으로 말아넣기를 반복한다. 반죽 표면이 팽팽해질 때까지 매만진다.

10 볼에 담아 1차 발효

동그랗게 뭉친 반죽을 볼에 담고 랩을 씌워 1차 발효시킨다.

⏱ 실온과 시간 기준
25℃-40분, 30℃-35분(20℃ 전후는 118쪽 참조)

11 도마 위에 꺼내기

스크래퍼로 볼 바닥에서 반죽을 떠서 이음매가 아래로 가도록 도마 위에 꺼낸다.

12 가스 빼고 다시 뭉치기

90도씩 돌려가면서 좌우를 접어 가스를 뺀다. 뒤집어서 양손으로 반죽을 잡아당기며 둥글게 뭉친다.

13 다시 30분 발효시키기

볼에 다시 담고 랩을 씌워 다시 발효시킨다.

⏱ 실온과 시간 기준
25℃-30분, 30℃-25분(20℃ 전후는 118쪽 참조)

14 1차 발효 완료

손가락으로 살짝 눌러 자국이 남으면 발효 완료. 손가락 자국이 스스로 사라지면 발효가 덜 된 상태이므로 5분가량 더 둔다.

15 가스 빼고 둥글게 뭉치기

스크래퍼로 볼 바닥에서 반죽을 떠서 이음매가 위로 가도록 도마 위에 올린다. 90도씩 돌려가면서 좌우를 접어 가스를 뺀다. 뒤집어서 반죽을 잡아당기며 둥글게 뭉친다.

16 3등분 하기

위에서 가볍게 누른 다음 스크래퍼로 3등분한다. 잘라낸 반죽은 무게를 재고, 각각 같은 무게가 되도록 조정한다.

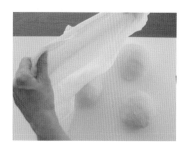

17 젖은 면포 덮어 휴지시키기

스크래퍼로 자른 절개선이 아래로 가도록 둥글게 뭉친 다음 이음매가 아래로 가도록 놓고, 물기를 꼭 짠 면포를 덮어 반죽을 10분 휴지시킨다.

18 가스 빼기

휴지가 끝나면 반죽을 한 덩어리 꺼내 양 손가락 끝으로 위에서 2~3회 눌러 가스를 뺀다.

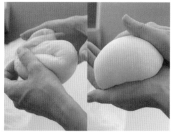

19 둥글게 뭉치며 모양 다듬기

매끈한 면이 바깥으로 오도록 뭉치며 둥글게 모양을 빚는다. 반죽 가장자리를 한군데로 모아 맞물린다는 느낌으로, 이음매가 아래로 가도록 반죽을 잡아당기며 타원형으로 모양을 잡는다.

20 틀에 담기

이음매가 아래로 가도록 틀에 넣고 손바닥으로 가볍게 위에서 누른다.

21 2차 발효

젖은 면포를 덮어 따뜻한 곳에서 2차 발효시킨다. 오븐을 180℃로 예열해 둔다.

실온과 시간 기준

25℃-45분, 30℃-40분(20℃ 전후는 118쪽 참조)

22 2차 발효 완료

옆에서 보았을 때 틀에서 반죽이 나올 듯 말 듯한 높이로 부풀면 2차 발효 완료.

23 굽기

뚜껑을 덮지 않고 오븐에서 약 35분 굽는다. 오븐에서 꺼내자마자 바로 틀에서 꺼낸다. 틀을 양손으로 들고 아래로 살짝 떨어뜨려 충격을 주면 꺼내기 쉽다. 타닥타닥 표면에 금이 가는 소리가 들리면 성공.

건포도빵

건포도가 들어간 식빵. 식빵 틀 뚜껑을 덮어 구워 네모반듯한 모양을 유지한다.
한 입 베어 물 때마다 건포도의 새콤달콤한 풍미가 입안에 감미롭게 퍼져 나간다.

재료

식빵 틀 1개 분량
초강력분 300g
흑설탕 1T
소금 1t
미지근한 물(35℃ 전후) 180㎖
인스턴트 드라이 이스트 1·1/2t
버터 10g
건포도 100g

도구
식빵 틀 1개
(21.5 × 9 × 9㎝: 너비 × 깊이 × 높이)

준비하기

1   모든 재료는 미리 계량해 둔다. 건포도는 1/2 분량(50g)과 1/4 분량(25g)으로 나누어 둔다.
    초강력분을 체에 밭쳐 볼에 담고, 흑설탕과 소금을 좌우 가장자리에 떨어뜨려 넣는다.

만들기

2   볼을 기울여 흑설탕 위에 미지근한 물을 한꺼번에 붓고, 이스트를 흩뿌린다. 이스트와 흑설탕이 녹도록 손가락으로 버무린다.

3   이스트가 녹으면 반죽 전체를 골고루 섞어, 가루가 보이지 않을 정도 되면 버터를 넣는다.
    반죽이 한 덩어리로 뭉쳐지면 도마 위에 꺼내 다시 치댄다.

4   반죽이 매끈해지면 밀방망이로 20×15cm가량의 타원 모양으로 민다 .

5   반죽을 스크래퍼로 2등분하여 한쪽에 건포도 50g을 올리고 다른 한쪽으로 덮어서 가장자리를 맞물린다.

6   반죽을 다시 밀고 2등분하여 한쪽에 건포도 25g을 얹고 다른 한쪽으로 덮어서ⓑ 가장자리를 맞물린다ⓒ. 이 과정을 한 번 더 반복한다.

7   둥글게 모양을 잡아ⓓ, 볼에 담고 랩을 씌워 1차 발효시킨다 (실온 25℃ - 50분, 실온 30℃ - 45분).

8   스크래퍼를 이용해 반죽을 도마 위에 꺼낸다. 둥글게 뭉치며 가스를 빼고 살짝 눌러 스크래퍼로 2등분한다.

9   반죽을 각각 다시 둥글게 뭉치고 나서, 물기를 꼭 짠 면포를 덮어 반죽을 10분 휴지시킨다.

10 반죽을 가볍게 눌러 가스를 빼고 각각 15 × 12cm 타원 모양으로 펼친다.

11 반죽을 각각 3겹으로 접어 이음매를 꼼꼼하게 맞물린다ⓔ. 균일한 굵기가 되도록 양손으로 굴리며 약 20cm 길이의 막대기 모양으로 민다ⓕ.

12 이음매가 아래로 가도록 해서 U자 모양을 만든 다음 서로 엇갈리게 틀 안에 놓고ⓖ, 젖은 면포를 덮어 따뜻한 곳에서 2차 발효시킨다
    (실온 25℃ - 45분, 실온 30℃ - 40분). 오븐을 200℃로 예열해 둔다.

13 틀 가장자리에서 1cm 아래 높이까지 부풀면 2차 발효 완료. 뚜껑을 덮어 오븐에서 35분 동안 굽는다.

영국식 잡곡식빵

잡곡을 오븐에서 구워낸 시리얼의 일종인 그래놀라를 반죽에 넣고 만든 식빵.
잡곡의 소박한 맛에 견과류의 고소한 맛과 말린 과일의 달콤한 맛이 더해져 다채롭고 깊은 맛을 낸다.

재료

식빵 틀 1개 분량
초강력분 270g
그레이엄 밀가루 60g
흑설탕 1T
소금 1t
미지근한 물(35℃ 전후) 200㎖
인스턴트 드라이 이스트 1·1/2t
버터 5g
그래놀라 60g

도구
식빵 틀 1개
(21.5 × 9 × 9㎝: 너비 × 깊이 × 높이)

   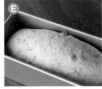 

준비하기

1 모든 재료는 미리 계량해 둔다. 그래놀라를 1/2 분량(약 30g)과 1/4 분량(약 15g)으로 나누어 둔다.
체에 밭친 초강력분에 그레이엄 밀가루를 섞어 볼에 담는다. 흑설탕과 소금을 좌우 가장자리에 떨어뜨려 넣는다.

만들기

2 볼을 기울여 흑설탕 위에 미지근한 물을 한꺼번에 붓고, 이스트를 흩뿌린다. 이스트와 흑설탕이 녹도록 손가락으로 버무린다.

3 이스트가 녹으면 반죽 전체를 골고루 섞어, 가루가 보이지 않을 정도 되면 버터를 넣고 치댄다.
반죽이 한 덩어리로 뭉쳐지면 도마 위에 꺼내 다시 치댄다.

4 반죽이 매끈해지면 밀방망이로 20 × 15cm 타원 모양으로 민다.

5 반죽을 스크래퍼로 2등분하여 한쪽에 그래놀라 30g을 얹고 다른 한쪽으로 덮어서 가장자리를 맞물린다.

6 반죽을 다시 밀고 2등분하여 한쪽에 그래놀라 15g을 얹고 다른 한쪽으로 덮어서 가장자리를 맞물린다. 이 과정을 한 번 더 반복한다.

7 둥글게 뭉치며 모양을 잡아 볼에 담고 랩을 씌워 1차 발효시킨다(실온 25℃ - 50분, 실온 30℃ - 45분).

8 스크래퍼를 이용해 반죽을 도마 위에 꺼내 가스를 빼면서 둥글게 뭉친다. 물기를 꼭 짠 면포를 덮어 반죽을 10분간 휴지시킨다.

9 반죽을 살짝 눌러 가스를 빼고 둥글게 뭉쳐 다시 모양을 잡는다.
25 × 20cm 타원형으로 만들어, 몸쪽으로 1/3을 접고 바깥쪽으로 1/3을 접는 3겹 접기를 하여 Ⓐ 모양을 다듬는다 Ⓑ → Ⓒ.
이음매가 아래로 가도록 틀에 넣고 Ⓓ, 젖은 면포를 덮어 2차 발효시킨다(실온 25℃ - 45분, 실온 30℃ - 40분). 오븐을 180℃로 예열해 둔다.

10 오븐에 넣기 직전에 반죽에 분무기로 물을 뿌리고 Ⓔ, 그래놀라(분량 외)를 고명으로 살짝 얹고 가볍게 누른 다음 Ⓕ,
오븐에서 약 35분 굽는다.

큐브식빵

주사위 모양을 한 앙증맞은 큐브식빵. 빵 껍질을 좋아하는 사람이라면
구수한 맛과 씹는 즐거움을 동시에 즐길 수 있는 빵. 모양이 깜찍해 선물용으로도 환영받는다.

재료

정사각 틀 6개 분량
강력분 250g
흑설탕 1T
소금 1t
미지근한 물(35℃ 전후) 150㎖
인스턴트 드라이 이스트 1t
버터 5g

도구
정사각 틀 6개
(6×6×6㎝: 너비 × 깊이 × 높이)

준비하기

1 모든 재료는 미리 계량해 둔다.
강력분을 체에 받쳐 볼에 담고 흑설탕과 소금을 좌우 가장자리에 떨어뜨려 넣는다.

만들기

2 볼을 기울여 흑설탕 위에 미지근한 물을 한꺼번에 붓고, 이스트를 흩뿌린다. 이스트와 흑설탕이 녹도록 손가락으로 버무린다.

3 이스트가 녹으면 반죽 전체를 골고루 섞어, 가루가 보이지 않을 정도 되면 버터를 넣고 치댄다.
반죽이 한 덩어리로 뭉쳐지면 도마 위에 꺼내 다시 꼼꼼하게 치댄다.

4 반죽이 매끈해지면 표면을 잡아당기며 둥글게 뭉쳐 볼에 담고 랩을 씌워 1차 발효시킨다(실온 25℃ - 50분, 실온 30℃ - 45분).

5 스크래퍼를 이용해 반죽을 도마 위에 꺼낸다. 다시 둥글게 뭉치며 가스를 빼고 살짝 눌러 스크래퍼로 6등분한다.
자른 반죽은 모두 무게가 같도록 조정한다.

6 다시 둥글게 뭉친 다음 물기를 꼭 짠 면포를 덮어 반죽을 10분 휴지시킨다. 틀에 버터(분량 외)를 얇게 발라 둔다 Ⓐ.

7 반죽을 살짝 눌러 가스를 빼고 다시 둥글게 뭉치며 모양을 잡는다. 이음매가 아래로 가도록 틀에 담고 Ⓑ, 젖은 면포를 덮어 2차 발효시킨다
Ⓒ → Ⓓ (실온 25℃ - 50분, 실온 30℃ - 45분). 오븐을 250℃로 예열해 둔다.

8 뚜껑을 덮고 오븐에서 약 25분, 노릇노릇 색이 날 때까지 굽는다 Ⓔ.

딸기 큐브식빵

과일잼 칩을 반죽에 섞어 구운 딸기 맛 큐브식빵.
과일잼 칩은 제과제빵 재료 전문점에서 구할 수 있다.

재료

정사각 틀 6개 분량
강력분 250g
흑설탕 1T
소금 1t
미지근한 물(35℃ 전후) 150㎖
인스턴트 드라이 이스트 1t
버터 5g
딸기 과일잼 칩 50g

도구
정사각 틀 6개
(6 × 6 × 6㎝: 너비 × 깊이 × 높이)

준비하기

1 모든 재료는 미리 계량해 둔다. 과일잼 칩을 2/3 분량(약 30g)과 1/3 분량(약 20g)으로 나누어 둔다.
강력분을 체에 밭쳐 볼에 담고 흑설탕과 소금을 좌우 가장자리에 떨어뜨려 넣는다.

만들기

2 볼을 기울여 흑설탕 위에 미지근한 물을 한꺼번에 붓고, 이스트를 흩뿌린다. 이스트와 흑설탕이 녹도록 손가락으로 버무린다.

3 이스트가 녹으면 반죽 전체를 골고루 섞어, 가루가 보이지 않을 정도 되면 버터를 넣고 치댄다.
반죽이 한 덩어리로 뭉쳐지면 도마 위에 꺼내 다시 치댄다.

4 반죽이 매끈해지면 밀방망이로 20 × 15cm 타원 모양으로 민다. Ⓐ

5 반죽을 2등분하여 한쪽에 과일잼 칩 2/3 분량을 올리고 Ⓑ, 다른 한쪽으로 덮어서 가장자리를 맞물린다.

6 반죽을 다시 밀고 Ⓒ, 2등분하여 한쪽에 과일잼 칩 1/3 분량을 얹고 다른 한쪽으로 덮어서 가장자리를 맞물린다.

7 반죽을 뭉쳐 다시 모양을 잡아 볼에 담고, 랩을 씌워 1차 발효시킨다 (실온 25℃ - 50분, 실온 30℃ - 45분).

8 스크래퍼를 이용해 반죽을 도마 위에 꺼낸다. 반죽을 다시 뭉치며 가스를 빼고, 살짝 눌러 스크래퍼로 6등분한다 Ⓓ.
자른 반죽은 모두 무게가 같도록 조정한다.

9 반죽을 다시 뭉친 후, 물기를 꼭 짠 면포를 덮어 10분간 휴지시킨다. 틀에 버터(분량 외)를 얇게 발라 둔다.

10 반죽을 가볍게 눌러 가스를 빼고, 뭉치며 다시 모양을 잡는다. 이음매가 아래로 가도록 틀에 넣고, 젖은 면포를 덮어 2차 발효시킨다
(실온 25℃ - 50분, 실온 30℃ - 45분). 오븐을 250℃로 예열해 둔다.

11 뚜껑을 덮어 오븐에서 약 25분, 노릇노릇 색이 돌 때까지 굽는다.

말차단팥 큐브식빵

말차맛 반죽에 달콤하게 조린 팥을 넣어 만든 큐브식빵.
단팥 대신 초콜릿 칩을 넣어도 잘 어울린다. 반죽과 토핑을 요리조리 바꾸어 다양하게 응용할 수 있다.

재료

정사각 틀 6개 분량

강력분 240g
제과용 말차 2t
흑설탕 1T
소금 1t
미지근한 물(35℃ 전후) 150㎖
인스턴트 드라이 이스트 1t
버터 5g
통단팥 50g ········· 우리나라에서는 팥빙수용으로 나온
통조림을 사용하면 편리하다_옮긴이

도구

정사각 틀 6개
(6×6×6cm: 너비×깊이×높이)

준비하기

1 모든 재료는 미리 계량해 둔다. 통단팥을 2/3(약 30g)와 1/3 분량(약 20g)으로 나누어 둔다.
강력분과 말차를 체에 밭쳐 볼에 담고 흑설탕과 소금을 좌우 가장자리에 떨어뜨려 넣는다.

만들기

2 볼을 기울여 흑설탕 위에 미지근한 물을 한꺼번에 붓고, 이스트를 흩뿌린다. 이스트와 흑설탕이 녹도록 손가락으로 버무린다.

3 이스트가 녹으면 반죽 전체를 골고루 섞어, 가루가 보이지 않을 정도 되면 버터를 넣고 치댄다.
반죽이 한 덩어리로 뭉쳐지면 도마 위에 꺼내 다시 치댄다.

4 반죽이 매끈해지면 밀방망이로 20×15cm 타원 모양으로 민다.

5 반죽을 2등분하여 한쪽에 통단팥 2/3 분량을 올리고 **B**, 다른 한쪽으로 덮어서 가장자리를 맞물린다 **A**.

6 반죽을 다시 밀고 **B**, 2등분하여 한쪽에 통단팥 1/3 분량을 얹고 잘라 **C**, 다른 한쪽으로 덮어서 가장자리를 맞물린다.

7 반죽을 뭉쳐 다시 모양을 잡아 볼에 담고, 랩을 씌워 1차 발효시킨다 (실온 25℃-50분, 실온 30℃-45분).

8 스크래퍼를 이용해 반죽을 도마 위에 꺼낸다. 반죽을 다시 뭉치며 가스를 빼고, 살짝 눌러 스크래퍼로 6등분한다.
자른 반죽은 모두 무게가 같도록 조정한다.

9 반죽을 다시 뭉친 후 **D**, 물기를 꼭 짠 면포를 덮어 10분간 휴지시킨다. 틀에 버터(분량 외)를 얇게 발라 둔다.

10 반죽을 가볍게 눌러 가스를 빼고, 뭉치며 다시 모양을 잡는다. 이음매가 아래로 가도록 틀에 넣고,
젖은 면포를 덮어 따뜻한 곳에서 2차 발효시킨다 (실온 25℃-50분, 실온 30℃-45분). 오븐을 250℃로 예열해 둔다.

11 뚜껑을 덮어 오븐에서 약 25분, 노릇노릇 색이 돌 때까지 굽는다.

꽃빵

둥근 틀에 반죽 일곱 덩어리를 넣고 발효시켜서 구우면 꽃처럼 사랑스러운 빵이 완성된다.
처음에는 기본 반죽으로 도전해 보자.

재료

원형 틀 1개 분량	도구
강력분 250g	원형 틀 1개(지름 18cm)
흑설탕 1T	
소금 1t	
미지근한 물(35℃ 전후) 150㎖	
인스턴트 드라이 이스트 1 · 1/2t	
버터 10g	
쌀가루 적당량	

Tip

원형 틀

지름 18cm 원형 틀은 일반적으로 스펀
지케이크 등을 구울 때 사용하는 크기다.
범용성이 높아 하나 장만해 두면 두고두
고 유용하게 쓰인다. 바닥을 분리할 수 있는 제품도 있다.

 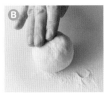   

준비하기

1 모든 재료는 미리 계량해 둔다.
   강력분을 체에 밭쳐 볼에 담고 흑설탕과 소금을 좌우 가장자리에 떨어뜨려 넣는다.

만들기

2 볼을 기울여 흑설탕 위에 미지근한 물을 한꺼번에 붓고, 이스트를 흩뿌린다. 이스트와 흑설탕이 녹도록 손가락으로 버무린다.

3 이스트가 녹으면 반죽 전체를 골고루 섞어, 가루가 보이지 않을 정도 되면 버터를 넣고 치댄다.
   반죽이 한 덩어리로 뭉쳐지면 도마 위에 꺼내 다시 치댄다.

4 반죽이 매끈해지면 표면을 잡아당기며 둥글게 뭉쳐 볼에 담고, 랩을 씌워 1차 발효시킨다(실온 25℃ - 50분, 실온 30℃ - 45분).

5 스크래퍼를 이용해 반죽을 도마 위에 꺼낸다. 다시 둥글게 뭉치며 가스를 빼고 살짝 눌러 스크래퍼로 7등분한다.
   자른 반죽은 모두 무게가 같도록 조정한다.

6 반죽을 다시 뭉친 후, 물기를 꼭 짠 면포를 덮어 10분간 휴지시킨다.

7 반죽을 가볍게 눌러 가스를 빼고 Ⓐ, 뭉치며 다시 모양을 잡는다.
   도마 위에 쌀가루를 얇게 깔고 반죽을 한 덩어리씩 굴리며 쌀가루를 묻힌다 Ⓑ.
   이음매가 아래로 가도록 틀에 담고 Ⓒ → Ⓓ, 물기를 꼭 짠 면포를 덮어 따뜻한 곳에서 2차 발효시킨다 Ⓔ (실온 25℃ - 40분, 실온 30℃ - 35분). 오븐을 200℃로 예열해 둔다.

8 오븐에서 약 15분, 노릇노릇 색이 돌 때까지 굽는다.

초콜릿 오렌지필빵

코코아 반죽에 초콜릿 칩과 오렌지필을 섞은 달콤한 빵.
단맛을 절제하고 쌉싸름한 맛을 살려 질리지 않는다. 밸런타인데이 선물로도 추천한다.

재료

원형 틀 1개 분량

강력분 230g
코코아 파우더 10g
흑설탕 1T
소금 1t
미지근한 물(35℃ 전후) 150㎖
인스턴트 드라이 이스트 1·1/2t
버터 10g
초콜릿칩 30g
오렌지필 30g

도구

원형 틀 1개(지름 18㎝)

준비하기

1 모든 재료는 미리 계량해 둔다. 오렌지필은 잘게 다져 둔다.
초콜릿칩과 오렌지필을 섞어 1/2 분량(30g)과 1/4 분량(15g)으로 나누어 둔다.
강력분과 코코아 파우더를 합쳐 체에 밭쳐 볼에 담고 흑설탕과 소금을 좌우 가장자리에 떨어뜨려 넣는다.

만들기

2 볼을 기울여 흑설탕 위에 미지근한 물을 한꺼번에 붓고, 이스트를 흩뿌린다. 이스트와 흑설탕이 녹도록 손가락으로 버무린다.

3 이스트가 녹으면 반죽 전체를 골고루 섞어, 가루가 보이지 않을 정도 되면 버터를 넣고 치댄다.
반죽이 한 덩어리로 뭉쳐지면 도마 위에 꺼내 다시 꼼꼼하게 치댄다.

4 반죽이 매끈해지면 밀방망이로 20×15㎝ 타원 모양으로 민다.

5 반죽을 2등분하여 한쪽에 초콜릿칩 1/2 분량과 오렌지필을 올리고, 다른 한쪽으로 덮어서 가장자리를 맞물린다.

6 반죽을 다시 밀고, 2등분하여 한쪽에 초콜릿칩 1/4 분량과 오렌지필을 얹고 잘라, 다른 한쪽으로 덮어서 가장자리를 맞물린다.
이 과정을 한 번 더 반복한다.

7 반죽을 뭉쳐 다시 모양을 잡아 볼에 담는다. 랩을 씌워 따뜻한 곳에 두고 1차 발효시킨다(실온 25℃-50분, 실온 30℃-45분).

8 스크래퍼를 이용해 반죽을 도마 위에 꺼낸다. 반죽을 다시 뭉치며 가스를 빼고, 위에서 살짝 누른 다음, 스크래퍼로 7등분한다 .
자른 반죽은 모두 무게가 같도록 조정한다.

9 반죽을 다시 뭉친 후 , 물기를 꼭 짠 면포를 덮어 10분간 휴지시킨다.

10 반죽을 가볍게 눌러 가스를 빼고, 뭉치며 다시 모양을 잡아 이음매가 아래로 가도록 틀에 넣고 , 물기를 꼭 짠 면포를 덮어 2차 발효시킨다
(실온 25℃-40분, 실온 30℃-35분). 오븐을 200℃로 예열해 둔다.

11 오븐에서 약 15분, 노릇노릇 색이 돌 때까지 굽는다.

소시지빵

은은한 단맛이 감도는 반죽에 아이들이 좋아하는 소시지와 마요네즈를 섞어
절묘한 조화를 이룬 별미 간식 빵. 큼직한 접시에 담아내면 다 같이 손으로 뜯어 먹으며
정을 나눌 수 있어 간식 시간이 한층 즐거워진다.

재료

원형 틀 1개 분량

강력분 250g
흑설탕 1T
소금 1t
미지근한 물(35℃ 전후) 150㎖
인스턴트 드라이 이스트 1·1/2t
버터 10g
소시지(길이 10cm가량 제품) 4개
마요네즈 적당량
파슬리 가루(분말이 아닌 플레이크 형태) 적당량

도구

원형 틀 1개(지름 18㎝)

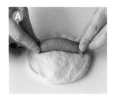 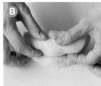   

준비하기

1   모든 재료는 미리 계량해 둔다.
    강력분을 체에 밭쳐 볼에 담고 흑설탕과 소금을 좌우 가장자리에 떨어뜨려 넣는다.

만들기

2   볼을 기울여 흑설탕 위에 미지근한 물을 한꺼번에 붓고, 이스트를 흩뿌린다. 이스트와 흑설탕이 녹도록 손가락으로 버무린다.

3   이스트가 녹으면 반죽 전체를 골고루 섞어, 가루가 보이지 않을 정도 되면 버터를 넣고 치댄다.
    반죽이 한 덩어리로 뭉쳐지면 도마 위에 꺼내 다시 치댄다.

4   반죽이 매끈해지면 표면을 잡아당기며 둥글게 뭉쳐 볼에 담고, 랩을 씌워 따뜻한 곳에 두고 1차 발효시킨다
    (실온 25℃ - 50분, 실온 30℃ - 45분).

5   1차 발효 후, 스크래퍼를 이용해 반죽을 도마 위에 꺼낸다.
    다시 둥글게 뭉치며 가스를 빼고, 살짝 눌러 스크래퍼로 반죽을 50g 잘라내고, 나머지 반죽을 4등분한다.

6   반죽을 각각 다시 뭉친 후, 물기를 꼭 짠 면포를 덮어 10분간 휴지시킨다.

7   50g짜리 반죽은 가볍게 눌러 가스를 빼고 다시 뭉친다.
    나머지 반죽은 밀방망이로 지름 10cm 원으로 밀고, 그 위에 소시지를 얹고 돌돌 말아 Ⓐ → Ⓑ 2등분한다.

8   50g짜리 반죽을 틀 한가운데 담고 Ⓒ, 소시지를 만 반죽을 그 주위에 이음매가 위로 가도록 넣는다 Ⓓ.
    물기를 꼭 짠 면포를 덮어 따뜻한 곳에서 2차 발효시킨다(실온 25℃ - 40분, 실온 30℃ - 35분). 오븐을 190℃로 예열해 둔다.

9   마요네즈를 뿌리고 Ⓔ, 오븐에서 약 15분 굽는다. 마무리로 파슬리를 솔솔 뿌린다.

영국식 식빵과 함께 곁들이면 좋아요!

로스트 치킨

재료 3~4인분
닭가슴살 2장
파(푸른 부분) 2뿌리 분량
얇게 저민 생강 2, 3장
청주 2T
물 400㎖

밑간
간장, 청주 각 3T
맛술 · 마멀레이드 각 2T
다진 마늘 2t

만들기
1 냄비에 파, 간장, 청주, 물을 넣고 끓이다가 닭가슴살을 넣고 약불로 10분 데친다. 불을 끄고 그대로 식힌다.
2 닭가슴살이 한 김 식으면 키친타월로 물기를 닦아내고 밑간 재료와 함께 지퍼팩에 담아 30분간 재워둔다.
3 지퍼팩에서 닭가슴살을 꺼내 250℃로 예열한 오븐에서 10분 굽는다. 밑간은 따로 덜어 둔다.
4 닭가슴살이 다 구워지면 뜨거울 때 따로 덜어 둔 밑간 양념을 골고루 끼얹는다.

프랑스식 당근 샐러드

재료 3~4인분
당근 100g
소금 1/2t

소스
초밥용 식초 1t
*화이트와인 비네거나 현미식초 등으로 대체가능
올리브오일 1t
설탕 1/4t
소금 · 후추 적당량

만들기
1 당근은 채 썰어 소금을 뿌려 버무린 다음 1시간가량 재워둔다.
2 당근의 물기를 제거하고 소스 재료를 합쳐 골고루 버무린다.

로스트 치킨과 당근 샐러드를 활용한 샌드위치

만들기
1 영국식 식빵을 살짝 구워 준비한다.
2 빵에 마가린(트랜스지방이 없는 버터로 대체 가능_옮긴이)과 홀그레인 머스터드를 바른다.
3 양상추를 씻어 물기를 제거한다.
4 양상추와 얇게 썬 로스트 치킨, 당근 샐러드를 빵 사이에 끼운다.

따뜻한 채소와 바냐 카우다풍 소스

재료 3~4인분
브로콜리 1개
당근 1개
감자 2개
좋아하는 제철 채소 적당량

바냐 카우다풍 소스
안초비 페이스트 2T
다진 마늘 2T
올리브오일 2T
우유 1T

만들기
1 채소는 한입 크기로 썰어 데친다.

2 바냐 카우다풍 소스 재료를 잘 섞어 데친 채소에 곁들여 낸다.

   *바냐 카우다(Bagna Càuda): 이탈리아어로 '뜨거운 그릇' 또는 '뜨거운 소스'를
   의미한다. 소스를 뭉근하게 끓여가며 채소와 빵을 찍어먹는 모습에서 유래되었다.

연근 허브 볶음

재료 4인분
연근 300g
베이컨 100g
마늘 1쪽
올리브오일 1T

로즈마리 2줄기
허브 소금 적당량
통후추 간 것 적당량
간장 1t

만들기
1 연근은 얄팍하게 썰어 물에 담갔다가 물기를 제거한다. 베이컨은 얇게 썰고,
   마늘은 얇게 저민다.

2 프라이팬에 올리브오일을 두르고 달군 다음, 마늘을 넣고 볶는다.

3 마늘 향이 올라오면 베이컨과 연근, 로즈마리를 넣고 볶는다.

4 연근이 익으며 색이 돌면 허브 소금과 후추로 간을 하고, 마무리로 간장을 두른다.

Column

내가 만든 빵을 선물하자!

포장 아이디어

모처럼 직접 만든 빵을 누군가에게 선물할 때, 선물을 빛내주는 간단한 포장 방법을 알아보자.
포장재료는 인터넷 쇼핑몰이나 방산시장 등에서 쉽게 구입할 수 있다.

모닝빵 기프트백

왁스 페이퍼와 투명 필름을 조합해 창처럼
안이 들여다보이는 봉투를 만들 수 있다.
마스킹 테이프를 활용하면 다양한 표정으로
꾸밀 수 있다.

1 시접이 있는 봉투(17.5 × 18cm)에 빵을 담아
   입구를 2~3회 몸쪽으로 접는다.
2 접어 넣은 양쪽 가장자리를 마스킹 테이프로 붙인다.

베치번즈 선물 포장

빵틀로 구운 베치번즈는 길쭉한 투명 봉투에
담으면 멋스럽다. 빵이 눌리지 않도록 시접에
여유가 있는 봉투를 선택하는 게 좋다.

1 도화지를 너비 8 × 높이 3cm로 잘라 반으로 접는다.
2 한쪽 종이 가운데 스탬프 등으로 좋아하는 메시지를
   찍거나, 손으로 적어 넣는다.
3 시접이 있는 투명 봉투(8 × 28cm)에 베치번즈를 담는다.
4 봉투 입구를 2번가량 접고, 2에서 메시지를 적은 종이를
   끼워 두 군데 정도 스테이플러로 찍는다.

꽃 빵 선물 포장

큼직한 꽃 빵을 통째로 선물할 때는 용기를 활용하면 편리하다.

1 메시지를 적을 두꺼운 종이를 너비 5.5 × 높이 2.5cm 크기로 자르고,
   스탬프로 찍거나 손으로 글씨를 적어 넣은 다음, 펀치로 구멍을 뚫는다.
2 용기(지름 약 20cm) 위에 빵을 올리고, 투명 비닐(38 × 27cm)에 넣는다.
3 비닐 입구를 접고, 용기 뒷면에 서너 군데 투명테이프를 붙여 고정한다.
4 리본(약 180cm)을 두 줄 겹쳐 십자 모양으로 묶고, 메시지를 적은
   종이를 끼운 다음, 가운데에서 리본 매듭을 묶는다.

브런치 인기 메뉴,
베이글

베카 베이글

2차 반죽 후 반죽을 데친 다음 오븐에서 구운 베이글.
이 책 저자가 운영하는 카페 베카(Backe)에서만 맛 볼 수 있는 독특한 레시피다.
밖은 단단하면서 파삭하고 안에는 쫀득한 속살이 꽉 차 있어 씹는 맛이 일품이다.

재료

4개 분량

초강력분 160g
강력분 100g
흑설탕 2T
소금 1/2t
미지근한 물(35℃ 전후) 150㎖
인스턴트 드라이 이스트 1/2t
옥수숫가루 적당량

준비하기

만들기

1 재료 준비하기

모든 재료는 미리 계량해 둔다. 초강력분과
강력분을 체에 밭쳐 볼에 담고 흑설탕과 소금
을 좌우 가장자리에 떨어뜨려 넣는다.

2 물과 이스트 넣기

볼을 살짝 기울여 흑설탕 위에 미지근한 물을
한꺼번에 붓고, 이스트를 흩뿌린다.

3 흑설탕 쪽부터 섞기

볼을 기울인 채 이스트와 흑설탕을 녹인다는
느낌으로 손가락 끝으로 버무리며 섞는다.

4 골고루 치대기

이스트가 녹으면 볼 바닥에서 반죽을 퍼 올린
다는 느낌으로 골고루 섞는다. 아래에서 떠서
손으로 꼭꼭 주무르며 바닥 쪽으로 치대는 동
작을 반복한다.

5 한 덩어리가 될 때까지 치대기

반죽이 한 덩어리로 뭉쳐질 때까지 치댄다.
손에 달라붙지 않게 되면 도마 위에 꺼낸다.

6 도마 위에서 치대기

반죽을 도마 위에 올리고, 손바닥으로 누르면
서 밀고 접었다가, 방향을 90도 바꿔 다시 밀
고 접기를 여러 번 반복한다. 반죽 표면이 매
끄러워질 때까지 10분가량 치댄다.

계속

7 반죽 잡아당겨 모양 잡기

양손으로 감싸듯 들고 반죽을 돌리면서 표면을 잡아당겨 밑으로 말아넣기를 반복한다. 반죽 표면이 팽팽해질 때까지 매만진다.

8 4등분하기

이음매가 아래로 가도록 놓고 위에서 가볍게 손으로 누른 다음 스크래퍼로 4등분 한다.

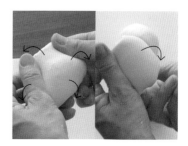

9 다시 동그랗게 모양 잡기

스크래퍼로 자른 부분을 아래로 집어넣으며 표면이 매끈해지도록 빚으면서 모양을 잡고 이음매가 아래로 가도록 놓는다.

10 젖은 면포 덮어 휴지시키기

물기를 꼭 짠 면포를 덮어 반죽을 10분간 휴지시킨다.

11 오븐팬에 옥수숫가루 뿌려 두기

오븐팬 위에 오븐 시트를 깔고 고운체에 옥수숫가루를 담아 살살 뿌려 둔다.

12 가스 빼기

휴지를 마친 후, 위에서 2~3회 손으로 눌러 가스를 빼고 타원형으로 모양을 잡는다.

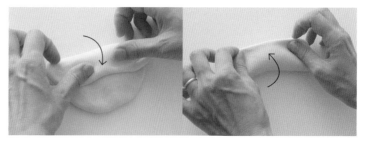

13 3겹 접기

반죽을 3겹으로 접는다. 위에서 1/3 지점을 몸쪽으로 접어 경계선을 살짝 눌러 다듬고, 아래에서 위로 반죽을 포갠다.

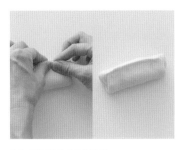

14 가장자리 여미기

반죽을 조금씩 맞물리며 꼼꼼하게 여미고, 이음매가 아래로 가도록 둔다.

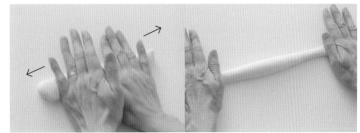

15 길쭉한 막대 모양으로 밀기

한가운데부터 바깥쪽으로 늘린다는 느낌으로 양손으로 굴리며 길쭉한 막대기 모양으로 민다.

16 고리 모양 만들기

양쪽 가장자리가 맞닿게 놓고 고리 모양을 만들어 손으로 매만져 다듬는다.

17 고리 넓혀 모양 잡기

엄지손가락 외 나머지 손가락을 고리 안에 넣고, 구멍을 조금씩 넓히며 모양을 잡는다.

18 오븐팬 위에서 발효시키기

오븐팬 위에 가지런히 늘어놓고 물기를 꼭 짠 면포를 덮어 발효시킨다.

⏱ 실온과 시간 기준
25℃-40분, 30℃-35분 (20℃ 전후는 118쪽 참조)

19 물을 끓이고 오븐 예열하기

발효 완료 시간에 맞추어 냄비에 물을 담아 끓이고, 흑설탕 2T(분량 외)를 물에 넣어 녹여 둔다. 오븐을 200℃로 예열해 둔다.

20 데치기

부글부글 끓어오르는 물속에 발효시킨 반죽을 두 개씩 넣었다가 건져 올린다. 식힘망 위에 뒤집어 놓고 물기를 뺀 다음 오븐팬 위에 다시 놓고, 바로 오븐에 넣는다.

21 굽기

약 15분, 노릇노릇해질 때까지 굽는다.

검은깨 치즈 베이글

반죽에 검은깨와 주사위 꼴로 깍둑썰기한 가공 치즈를 넣었다.
갓 구워냈을 때는 치즈가 부드럽게 녹아내려 훨씬 맛있다. 반으로 잘라 샌드위치로 만들어도 별미!

재료

4개 분량
초강력분 160g
강력분 100g
흑설탕 2T
소금 1/2t
미지근한 물(35℃ 전후) 150㎖
인스턴트 드라이 이스트 1/2t
검은깨 2T
가공 치즈 50g(1cm 크기로 깍둑썰기) ······· 가공치즈는 제과제빵 인터넷 쇼핑몰 등에서
옥수숫가루 적당량   '롤치즈'라는 상품명으로 판매하는 제품을 사
                                          용하면 따로 썰 필요가 없어 간편하다_옮긴이

준비하기

1   모든 재료는 미리 계량해 둔다.
     초강력분과 강력분을 체에 밭쳐 볼에 담고 흑설탕과 소금을 좌우 가장자리에 떨어뜨려 넣는다.

만들기

2   볼을 기울여 흑설탕 위에 미지근한 물을 한꺼번에 붓고, 이스트를 흩뿌린다.

3   볼을 기울인 채 이스트와 흑설탕을 녹인다는 느낌으로 손가락 끝으로 버무리며 섞는다.

4   이스트가 녹으면 골고루 섞어, 반죽이 한 덩어리로 뭉쳐지면 도마 위에 꺼내 꼼꼼하게 치댄다.

5   다 치대고 나면 다시 볼로 옮겨 담고, 검은깨를 넣고Ⓐ, 다시 뭉친다. 살짝 눌러 스크래퍼로 4등분하고 잘린 면이 아래로 가도록 집어넣으며
     표면이 매끈해지도록 빚어서 모양을 잡고 이음매가 아래로 가도록 놓는다. 반죽에 물기를 꼭 짠 면포를 덮어 10분간 휴지시킨다.

6   오븐팬 위에 오븐 시트를 깔고 고운체에 옥수숫가루를 담아 솔솔 뿌려 둔다.

7   휴지를 마친 후, 위에서 2~3회 손으로 눌러 가스를 빼고 평평한 원 모양으로 다듬는다. 가운데에 치즈 세 조각을 나란히 올리고Ⓑ,
     한쪽을 접어서 치즈를 덮고, 그 위에 치즈 세 조각을 다시 올린 다음Ⓒ, 나머지 다른쪽을 접어 포갠다Ⓓ.

8   가운데부터 바깥쪽으로 늘린다는 느낌으로 양손으로 굴리며 길쭉한 막대기 모양이 되게 한다.
     양쪽 가장자리가 맞닿게 놓고 고리 모양을 만든다Ⓔ. 가운데 구멍이 조금씩 커지도록 바깥쪽으로 잡아당기며 모양을 잡는다.

9   오븐팬 위에 가지런히 늘어놓고 물기를 꼭 짠 면포를 덮어 발효시킨다 (실온 25℃ - 40분, 실온 30℃ - 35분).

10 발효가 완료될 시간에 맞추어 냄비에 물을 담아 끓이고, 흑설탕 2T (분량 외)를 물에 넣어 녹여 둔다. 오븐을 200℃로 예열해 둔다.

11 끓는 물속에 발효시킨 반죽을 두 개씩 넣는다. 넣은 순서대로 건져 올려 식힘망 위에 뒤집어 놓고 물기를 뺀 다음
      오븐팬 위에 놓고 오븐에 넣는다. 오븐에서 약 15분 노릇노릇해질 때까지 굽는다.

블루베리 베이글

말린 야생 블루베리를 반죽에 넣어 만든 블루베리 베이글.
과일 특유의 새콤달콤한 맛이 가득한 반죽은 크림치즈와 환상의 궁합을 자랑한다.

재료

4개 분량
초강력분 160g
강력분 100g
흑설탕 2T
소금 1/2t

미지근한 물(35℃ 전후) 150㎖
인스턴트 드라이 이스트 1/2t
블루베리(말린 제품) 50g
옥수숫가루 적당량

준비하기

1 모든 재료는 미리 계량해 둔다.
블루베리는 1/2 분량(약 25g)과 1/4 분량(약 12.5g)으로 나누어 둔다 A.

만들기

2 초강력분과 강력분을 체에 밭쳐 볼에 담고 흑설탕과 소금을 좌우 가장자리에 떨어뜨려 넣는다.

3 볼을 기울여 흑설탕 위에 미지근한 물을 한꺼번에 붓고 이스트를 흩뿌린다. 이스트와 흑설탕이 녹도록 손가락으로 버무린다.

4 이스트가 녹으면 골고루 섞은 후, 반죽이 한 덩어리로 뭉쳐지면 도마 위에 꺼내 꼼꼼하게 치댄다.

5 밀방망이로 20×15cm 타원 모양으로 밀고, 민 반죽 절반에 블루베리 1/2 분량을 얹는다 B.

6 스크래퍼로 반죽을 2등분해서 C, 블루베리 위를 덮어 가장자리를 맞물린다 D.

7 다시 반죽을 밀어, 블루베리 1/4 분량을 반죽 절반에 올린 다음, 반죽을 덮는다.
이 과정을 한 번 더 반복하고 나서 동그랗게 뭉치며 모양을 잡는다 E.

8 살짝 누른 다음 스크래퍼로 4등분한다. 자른 부분을 아래로 집어넣으며 표면이 매끈해지도록 빚으면서 모양을 잡고,
이음매가 아래로 가도록 놓는다. 반죽에 물기를 꼭 짠 면포를 덮어 10분간 휴지시킨다.

9 오븐팬 위에 오븐 시트를 깔고 고운 체에 옥수숫가루를 담아 솔솔 뿌려 둔다.

10 휴지를 마친 후, 위에서 2~3회 손으로 눌러 가스를 빼고 평평한 원 모양으로 다듬는다. 이어서 반죽을 3겹으로 접는다.

11 반죽을 길쭉한 막대기 모양으로 밀어서 양쪽 가장자리가 맞닿게 놓고 고리 모양을 만든다.
가운데 구멍이 조금씩 커지도록 바깥쪽으로 잡아당기며 반죽을 한 바퀴 빙 돌리며 모양을 잡는다.

12 오븐팬 위에 가지런히 늘어놓고 물기를 꼭 짠 면포를 덮어 발효시킨다 (실온 25℃-40분, 실온 30℃-35분).

13 발효가 완료될 시간에 맞추어 냄비에 물을 끓이고, 흑설탕 2T (분량 외)를 물에 넣어 녹여 둔다. 오븐을 200℃로 예열해 둔다.

14 부글부글 끓어오르는 물속에 발효시킨 반죽을 두 개씩 넣었다가 건져 올린다. 식힘망 위에 뒤집어 놓고 물기를 뺀 다음
오븐팬 위에 다시 놓고, 바로 오븐에 넣는다. 오븐에서 약 15분 노릇노릇하게 색이 날 때까지 굽는다.

흑설탕 베이글

진한 감칠맛이 감도는 비정제 흑설탕 베이글. 그레이엄 밀가루를 넣어 씹는 맛을 더했다.
그레이엄 밀가루 대신 비정제 흑설탕과 잘 어울리는 호두나 아몬드 등의 견과류를 넣어도 좋다.

재료

4개 분량

초강력분 110g

강력분 100g

그레이엄 밀가루 60g

비정제 흑설탕(분말) 4T

소금 1/2t

미지근한 물(35℃ 전후) 150㎖

인스턴트 드라이 이스트 1/2t

옥수숫가루 적당량

  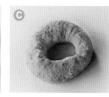 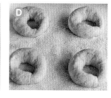 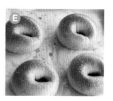

준비하기

1   모든 재료는 미리 계량해 둔다.
    체에 밭친 초강력분과 강력분에 그레이엄 밀가루를 섞어 볼에 담고 흑설탕과 소금을 좌우 가장자리에 떨어뜨려 넣는다.

만들기

2   볼을 살짝 기울여 흑설탕 위에 미지근한 물을 한꺼번에 붓고, 이스트를 흩뿌린다. 이스트와 흑설탕이 녹도록 손으로 버무린다.

3   이스트가 녹으면 골고루 섞어, 반죽이 한 덩어리로 뭉쳐지면 도마 위에 꺼내 약 10분가량 치대면서 동그랗게 모양을 잡는다 Ⓐ.

4   살짝 눌러 스크래퍼로 4등분한다 Ⓑ. 스크래퍼로 자른 부분을 아래로 집어넣으며 표면이 매끈해지도록 빚으면서 모양을 잡고,
    이음매가 아래로 가도록 놓는다. 반죽에 물기를 꼭 짠 면포를 덮어 10분간 휴지시킨다.

5   오븐팬 위에 오븐 시트를 깔고 고운체에 옥수숫가루를 담아 솔솔 뿌려 둔다.

6   휴지를 마친 후, 위에서 2~3회 손으로 눌러 가스를 빼고 평평한 원 모양으로 다듬는다. 이어서 반죽을 3겹으로 접는다.

7   반죽을 길쭉한 막대기 모양으로 밀어서 양쪽 가장자리가 맞닿게 놓고 고리 모양을 만든다.
    가운데 구멍이 조금씩 커지도록 바깥쪽으로 잡아당기며 반죽을 한 바퀴 빙 돌리며 모양을 잡는다 Ⓒ.

8   오븐팬 위에 가지런히 늘어놓고 물기를 꼭 짠 면포를 덮어 발효시킨다 Ⓓ (실온 25℃-40분, 실온 30℃-35분).

9   발효가 완료될 시간에 맞추어 냄비에 물을 끓이고, 흑설탕 2T(분량 외)를 물에 넣어 녹여 둔다. 오븐을 200℃로 예열해 둔다.

10 부글부글 끓어오르는 물속에 발효시킨 반죽을 두 개씩 넣었다가 건져 올린다. 식힘망 위에 뒤집어 놓고 물기를 뺀 다음
    오븐팬 위에 다시 놓고, 바로 오븐에 넣는다. 오븐에서 약 15분 노릇노릇하게 색이 날 때까지 굽는다 Ⓔ.

치킨 샐러드

재료

4인분
양상추 6~7장
방울토마토 10개
닭 다릿살 150g
튀긴 양파 적당량
식용유 약간

바비큐 소스
다진 마늘 1t
다진 생강 1t
간장 1T
맛술 1T
케첩 1T
우스터소스 1T
참기름 1t

만들기

1 양상추는 두툼하게 채 썰어 찬물에 담갔다가 물기를 빼 둔다. 방울토마토는 먹기 좋은 크기로 자른다.

2 바비큐 소스 재료를 잘 섞어 둔다.

3 닭 다릿살도 한입 크기로 썰고, 1/3 분량의 바비큐 소스에 버무려 10분 정도 재워 밑간을 한다.

4 프라이팬에 식용유를 살짝 두르고 달군 다음, 키친타월로 물기를 꼼꼼하게 닦아낸 닭 다릿살을 넣어 약불로 뭉근하게 익힌다.

5 그릇에 양상추를 깔고, 닭 다릿살과 방울토마토를 적당히 넣고 먹기 직전에 바비큐 소스를 끼얹는다.
   취향에 따라 튀긴 양파를 곁들여 낸다.

우 유 수 프

재료

4인분
양파 1개
마늘 1쪽
당근 1/2개
감자 2개
백만송이버섯 1팩
얇게 썬 베이컨 100g
뜨거운 물 200㎖
우유 400㎖

고형 수프 스톡(soup stock) 2개
소금 · 후추 적당량
파슬리 가루 적당량
식용유 1t

버터 소스
버터 5g
밀가루 2t

만들기

1 실온에 꺼내 둔 버터에 밀가루를 조금씩 넣으며 숟가락으로 으깨어 가면서 잘 섞어 버터 소스를 만들어 둔다.

2 양파에 마늘은 큼직하게 다져 둔다. 당근, 감자, 백만송이버섯, 베이컨은 크기를 맞추어 먹기 좋은 크기로 썬다.

3 냄비에 식용유를 두르고 달군 다음 마늘을 넣어 살짝 볶다가, 베이컨과 양파, 기타 채소를 순서대로 넣고
   숨이 죽을 때까지 볶는다.

4 고형 수프 스톡을 뜨거운 물에 넣고 미리 끓여 둔다. 우유를 넣고 소금과 후추로 간을 맞춘다.

5 마무리로 버터 소스를 숟가락으로 저어가며 조금씩 넣고 잘 섞는다. 그릇에 옮겨 담고 파슬리 가루를 뿌린다.

3종 크림치즈 스프레드

단호박 스프레드

재료
크림치즈 40g
단호박 50g
건포도 20g

만들기
1 단호박은 껍질을 벗겨 0.5cm 두께로 얄팍하게 썬다. 물에 살짝 헹군 다음 내열 그릇에 겹치지 않게 차곡차곡 담고, 랩을 씌워 전자레인지에 돌린다. 단호박이 부드럽게 익으면 포크로 으깬다.
2 크림치즈는 실온에 꺼내 부드럽게 풀어질 때까지 숟가락으로 이긴다.
3 1의 단호박을 크림치즈에 조금씩 넣으며 섞어 둔다.
4 단호박이 크림치즈와 전체적으로 어우러지면 건포도를 몇 차례에 걸쳐 나누어 넣고 섞는다.

블루베리 스프레드

재료
크림치즈 40g
블루베리 잼 1T

만들기
1 크림치즈는 실온에 꺼내 부드럽게 풀어질 때까지 숟가락으로 이갠다.
2 블루베리 잼을 조금씩 크림치즈에 넣으며 섞는다.

풋콩 스프레드

재료
크림치즈 40g
풋콩(냉동) 약 50g
통후추 간 것(흑후추) 적당량

만들기
1 풋콩은 냉동 상태로 깍지를 까서 잘게 다져 둔다.
2 크림치즈는 실온에 꺼내 부드럽게 풀어질 때까지 숟가락으로 이갠다.
3 풋콩을 몇 차례에 걸쳐 크림치즈에 넣고 섞으며, 풋콩을 넣을 때마다 후춧가루를 솔솔 뿌려 간을 맞춘다.

Chapter
5

반죽이 맛있는
수제 피자

기본 피자

미국 스타일 두툼한 사각 피자. 한 조각만 먹어도 포만감을 충분히 느낄 수 있다.
시판 소스를 활용하면 간편하게 완성할 수 있다.
재료는 취향에 따라 햄과 양송이버섯, 올리브 등을 사용한다.

재료

20×20㎝ 피자 2판 분량

강력분 200g
박력분 60g
흑설탕 1T
소금 1t
미지근한 물(35℃ 전후) 150㎖
인스턴트 드라이 이스트 1t
올리브오일 1t

토핑

양파 1/2개
피망 2개
소시지 5~6개
피자 소스 100g
피자 치즈 150g

준비하기

1 재료 준비하기

모든 재료는 미리 계량해 둔다. 초강력분과 강력분을 체에 밭쳐 볼에 담고 흑설탕과 소금을 좌우 가장자리에 떨어뜨려 넣는다.

만들기

2 물과 이스트 넣기

볼을 살짝 기울여 흑설탕 위에 미지근한 물을 한꺼번에 붓고, 이스트를 흩뿌린다.

3 흑설탕 쪽부터 섞기

볼을 기울인 채 이스트와 흑설탕을 녹인다는 느낌으로 손가락 끝으로 버무리며 섞는다.

4 골고루 치대기

이스트가 녹으면 볼 바닥에서 반죽을 퍼 올린다는 느낌으로 골고루 섞는다. 아래에서 떠서 손으로 꼭꼭 주무르며 바닥 쪽으로 치대는 동작을 반복한다.

5 올리브오일 넣기

가루가 보이지 않을 정도로 섞이면 올리브오일을 넣고 반죽 전체를 골고루 섞는다.

6 한 덩어리가 될 때까지 치대기

손에 묻은 반죽을 떼서 다시 넣고 한 덩어리로 뭉쳐질 때까지 치댄다.

계속

7 반죽 도마 위로 옮기기

반죽이 손에 달라붙지 않을 정도가 되면 도마 위로 옮긴다.

8 도마 위에서 치대기

반죽을 도마 위에 올리고, 손바닥으로 누르면서 밀고 접었다가, 방향을 90도 바꿔 다시 밀고 접기를 여러 번 반복한다. 반죽 표면이 매끄러워질 때까지 5분 정도 치댄다.

9 반죽을 잡아당겨 모양 잡기

양손으로 감싸듯 들고 반죽을 돌리면서 표면을 잡아당겨 밑으로 말아넣기를 반복한다. 반죽 표면이 팽팽해질 때까지 매만진다.

10 볼에 담아 1차 발효

뭉친 반죽을 볼에 담아 랩을 씌워 따뜻한 곳에서 1차 발효시킨다.

⏱ **실온과 시간 기준**

25℃-50분, 30℃-45분(20℃ 전후는 118쪽 참조)

11 1차 발효 완료

손가락으로 살짝 눌러 자국이 남을 정도면 발효 완료. 손가락 자국이 스스르 사라지면 발효가 덜 된 상태이므로 5분가량 더 둔다.

12 가스 빼기

스크래퍼로 볼 바닥에서 반죽을 떼내, 이음매가 위로 가도록 도마 위에 올린다. 90도씩 돌려가면서 좌우를 접어 가스를 뺀다.

13 둥글게 뭉치며 모양 잡기

뒤집어서 양손으로 반죽을 잡아당기며 동그랗게 모양을 잡는다.

14 반죽 2등분하기

스크래퍼로 2등분한다. 살짝 눌러 선을 만들어 두었다가 자르면 깔끔하게 자를 수 있다.

15 젖은 면포 덮어 휴지시키기

잘린 부분이 아래로 가도록 모양을 잡아 둥글게 뭉친다. 이음매가 아래로 가도록 놓고 물기를 꼭 짠 면포를 덮어 10분간 휴지시킨다.

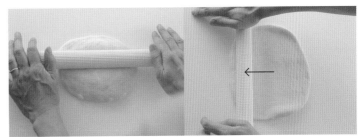

16 가스 빼기

휴지를 마치면 반죽 한 덩어리를 꺼내 양쪽 손끝으로 위에서 2~3회 눌러 가스를 뺀다. 평평한 원 모양으로 다듬는다.

17 반죽 밀기

밀방망이로 20×20cm 정도 사각형으로 민다. 반죽 가운데에서 사방, 즉 몸에서 먼 쪽, 몸쪽, 오른쪽, 왼쪽의 순서로 민다. 가장자리를 누르지 않도록 주의하며 균일한 두께로 민다.

18 오븐팬 위에 올려 2차 발효

오븐 시트를 깐 오븐팬 위에 올려 젖은 면포를 덮어 2차 발효시킨다. 그동안 두 번째 반죽을 밀고, 토핑을 준비한다. 양파는 얄팍하게, 피망은 반달모양, 소시지는 어슷하게 썬다. 오븐을 200℃로 예열해 둔다.

⏱ **실온과 시간 기준**
25℃-20분, 30℃-15분(20℃ 전후는 118쪽 참조)

19 피자 소스 바르기

반죽 전체에 피자 소스를 골고루 바른다.

20 토핑 올리기

양파, 피망, 소시지를 얹고 마지막에 피자 치즈를 골고루 뿌린다.

21 굽기

오븐에서 약 15분, 치즈가 노릇해질 때까지 굽는다. 두 번째 반죽도 마찬가지로 굽는다.

👨‍🍳 **Tip**

피자 반죽 냉동 보관 풍미가 다소 떨어지더라도 피자 반죽은 냉동 보관이 가능하다. 반죽을 밀어서 바로 랩으로 꼭꼭 싼 다음, 냉동실 사용 가능한 지퍼팩 등에 담아 기울어지지 않도록 평평한 칸에 보관한다. 사용할 때는 냉동실에서 냉장실로 옮겨 해동하고 실온에 꺼낸 다음 토핑을 올려 굽는다. 해동 시간은 30분이 기준. 손가락으로 눌러 자국이 남을 정도면 냉장실에서 꺼내 20분 정도 실온에 두었다가 토핑을 올린다. 냉동한 반죽은 한 달 안에 사용해야 한다.

크리스피 피자

반죽을 얇게 밀어 만드는 크리스피 피자는 바삭바삭한 식감이 일품이다.
한 입 베어 물면 입안에서 감칠맛이 폭발하는 촉촉한 방울토마토와 향긋한 허브에
모차렐라 치즈까지, 본고장 피자 맛을 즐길 수 있다.

재료

지름 15㎝ 피자 4판 분량

강력분 200g
박력분 20g
콘밀(거친 옥수숫가루) 30g
흑설탕 1T
소금 1t
미지근한 물(35℃ 전후) 150㎖
인스턴트 드라이 이스트 1t
올리브오일 1t

토핑

방울토마토 15개
모차렐라 치즈 약 150g
올리브오일(반죽에 바르는 용도) 1t
바질 잎 15장

준비하기

1 모든 재료는 미리 계량해 둔다.
   강력분과 박력분, 콘밀을 합쳐서 체에 밭쳐 볼에 담고 흑설탕과 소금을 좌우 가장자리에 떨어뜨려 넣는다.

만들기

2 볼을 기울여 흑설탕 위에 미지근한 물을 한꺼번에 붓고 이스트를 흩뿌린다. 손가락으로 녹인다는 느낌으로 버무린다.

3 이스트가 녹으면 전체를 골고루 섞어, 가루가 보이지 않을 정도로 섞이면 올리브오일을 넣고 치댄다.
   반죽이 한 덩어리로 뭉쳐지면 도마 위에 꺼내 다시 치댄다.

4 반죽이 매끈해지면 표면을 잡아당기며 둥글게 뭉쳐 볼에 담고, 랩을 씌워 따뜻한 곳에 두고 1차 발효시킨다
   (실온 25℃-50분, 실온 30℃-45분).

5 1차 발효를 마치면 스크래퍼를 이용해 반죽을 도마 위로 꺼낸다. 다시 둥글게 뭉치며 가스를 빼고, 살짝 눌러 스크래퍼로 4등분한다.
   자른 반죽은 모두 무게가 같도록 조정한다.

6 다시 둥글게 뭉치며 모양을 잡은 후, 물기를 꼭 짠 면포를 덮어 10분간 휴지시킨다.

7 반죽을 가볍게 눌러 가스를 빼고 다시 모양을 잡는다. 밀방망이로 지름 15cm 정도의 원형으로 밀어 Ⓐ,
   오븐 시트를 깐 오븐팬에 올리고 젖은 면포를 덮어 2차 발효시킨다(실온 25℃-20분, 실온 30℃-15분).
   두 번째 반죽도 같은 과정으로 밀고, 세 번째와 네 번째 반죽은 랩으로 싸서 냉장실에 넣어 둔다.

8 방울토마토는 세로로 반 자른다. 모차렐라 치즈는 먹기 좋은 크기로 손으로 뜯어 둔다. 오븐을 200℃로 예열해 둔다.

9 7의 반죽에 올리브오일을 얇게 펴 바른다 Ⓑ. 방울토마토와 모차렐라 치즈를 뿌리고 그 위에 바질 잎을 올린다 Ⓒ.

10 오븐에서 약 15분, 모차렐라 치즈가 녹고 노릇노릇해질 때까지 굽는다 Ⓓ. 두 번째 반죽도 이어서 굽는다. 두 번째 반죽이 구워지기
    시작하면 세 번째 반죽을 냉장실에서 실온에 꺼내 놓고, 굽기 직전에 토핑을 올린다. 네 번째 반죽도 마찬가지로 굽는다.

꼬마 피자

반죽을 작게 성형해 먹기 좋은 크기로 만든 피자.
참치와 옥수수 통조림에 마요네즈를 섞어 어린이 입맛을 사로잡는다.
2차 발효 전 반죽을 냉동 보관해 두면 간식으로 언제든 활용할 수 있다.

재료

10 × 7cm 원형 피자 6판 분량
강력분 200g
박력분 60g
흑설탕 1T
소금 1t
미지근한 물(35℃ 전후) 150㎖
인스턴트 드라이 이스트 1t
올리브오일 1t

토핑
참치(통조림) 150g
옥수수(통조림) 150g
마요네즈 적당량
피자 치즈 150g
파슬리 가루 적당량

  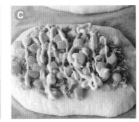 

준비하기

1   모든 재료는 미리 계량해 둔다.
강력분과 박력분을 체에 밭쳐 볼에 담고 흑설탕과 소금을 좌우 가장자리에 떨어뜨려 넣는다.

만들기

2   볼을 기울여 흑설탕 위에 미지근한 물을 한꺼번에 붓고 이스트를 흩뿌린다. 손가락으로 녹인다는 느낌으로 버무린다.

3   이스트가 녹으면 전체를 골고루 섞어, 가루가 보이지 않을 정도 되면 올리브오일을 넣고 치댄다.
반죽이 한 덩어리로 뭉쳐지면 도마 위에 꺼내 다시 치댄다.

4   반죽이 매끈해지면 표면을 잡아당기며 둥글게 뭉쳐 볼에 담고, 랩을 씌워 1차 발효시킨다(실온 25℃ - 50분, 실온 30℃ - 45분).

5   1차 발효가 끝나면 스크래퍼를 이용해 반죽을 도마 위로 꺼낸다. 다시 둥글게 뭉치며 가스를 빼고, 살짝 눌러 스크래퍼로 6등분한다.
자른 반죽은 모두 무게가 같도록 조정한다.

6   다시 둥글게 뭉치며 모양을 잡은 후, 물기를 꼭 짠 면포를 덮어 10분간 휴지시킨다.

7   반죽 2장을 먼저 민다. 반죽을 살짝 눌러 가스를 빼고 모양을 잡는다.
밀방망이로 10 × 7cm 타원형으로 밀고 Ⓐ, 오븐 시트를 깐 오븐팬에 올려 젖은 면포를 덮어 따뜻한 곳에서 2차 발효시킨다
(실온 25℃ - 20분, 실온 30℃ - 15분). 나머지 반죽도 차례로 밀고, 랩으로 싸서 냉장실에 넣어 둔다.

8   참치와 옥수수를 통조림에서 꺼내 체에 밭친 다음 키친타월로 물기를 제거한다. 오븐을 200℃로 예열해 둔다.

9   2차 발효시킨 7의 반죽에 마요네즈를 바른다 Ⓑ. 8의 참치와 옥수수를 골고루 올리고 그 위에 마요네즈를 뿌린 다음 Ⓒ,
다시 치즈를 얹는다 Ⓓ. 냉장실에서 반죽 두 장을 꺼내 실온에 둔다.

10   오븐에서 약 12분, 치즈가 노릇노릇해질 때까지 굽는다. 마무리로 파슬리 가루를 뿌린다. 첫 번째와 두 번째 반죽이 다 구워지기 직전에
다섯 번째와 여섯 번째 반죽을 냉장실에서 꺼내 둔다. 세 번째와 네 번째 반죽에 토핑을 올리고 순서대로 굽는다.

포카치아

'불로 구운 빵'이라는 뜻의 포카치아.
이탈리아에서는 일상적으로 식탁에 오르는 납작한 빵이다.
피자 반죽을 바탕으로 올리브오일과 로즈마리, 소금으로 단순하게 맛을 내서 구워낸다.

재료

2개 분량

강력분 200g
박력분 60g
흑설탕 1T
소금 1t
미지근한 물(35℃ 전후) 150㎖
인스턴트 드라이 이스트 1t
올리브오일 1t

토핑

소금 1/4t
말린 로즈마리 적당량
올리브오일 적당량

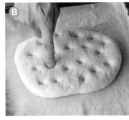

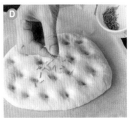

준비하기

1 모든 재료는 미리 계량해 둔다.
　 강력분과 박력분을 체에 받쳐 볼에 담고 흑설탕과 소금을 좌우 가장자리에 떨어뜨려 넣는다.

만들기

2 볼을 기울여 흑설탕 위에 미지근한 물을 한꺼번에 붓고 이스트를 흩뿌린다. 이스트와 흑설탕이 녹도록 손가락으로 버무린다.

3 이스트가 녹으면 전체를 골고루 섞어, 가루가 보이지 않을 정도 되면 올리브오일을 넣고 치댄다.
　 반죽이 한 덩어리로 뭉쳐지면 도마 위에 꺼내 다시 치댄다.

4 반죽이 매끈해지면 표면을 잡아당기며 둥글게 뭉쳐 볼에 담고, 랩을 씌워 1차 발효시킨다 (실온 25℃ - 50분, 실온 30℃ - 45분).

5 1차 발효가 끝나면 스크래퍼를 이용해 반죽을 도마 위로 꺼낸다. 다시 둥글게 뭉치며 가스를 빼고, 살짝 눌러 스크래퍼로 2등분한다.
　 자른 반죽은 모두 무게가 같도록 조정한다.

6 둥글게 뭉치며 모양을 잡은 후, 물기를 꼭 짠 면포를 덮어 10분간 휴지시킨다.

7 반죽을 살짝 눌러 가스를 빼고, 다시 뭉치며 모양을 잡는다.
　 밀방망이로 20 × 15cm 타원형으로 밀고, 손가락으로 반죽이 파이도록 꾹꾹 눌러 손자국을 낸다 Ⓐ.

8 오븐 시트를 깐 오븐팬 위에 올려 젖은 면포를 덮어 2차 발효시킨다 (실온 25℃ - 20분, 실온 30℃ - 15분).
　 오븐을 200℃로 예열해 둔다. 두 번째 반죽도 똑같이 밀방망이로 밀어둔다.

9 2차 발효 후, 다시 손가락으로 반죽이 파이도록 꾹꾹 누른다 Ⓑ. 솔로 올리브오일을 바르고 Ⓒ, 소금 1/2과 로즈마리를 뿌린다 Ⓓ.

10 오븐에서 약 15분, 먹음직스러운 진한 갈색이 돌 때까지 굽는다. 두 번째 반죽도 마찬가지로 굽는다.

그리시니

길쭉한 막대기 모양 크래커 같은 그리시니(Grissini).
프로슈토 같은 생햄을 돌돌 감아 먹어도 맛있다. 이 레시피에서는 본격적인 오븐을 사용하지 않아
부드러운 식감으로 완성된다. 반죽에 치즈 가루를 섞어도 잘 어울린다.

재료

길이 15㎝ 그리시니 15개

강력분 200g
박력분 60g
흑설탕 1T
소금 1t
미지근한 물(35℃ 전후) 150㎖
인스턴트 드라이 이스트 1t
올리브오일 1t
흰깨 1t 미만
검은깨 1t 미만
말린 바질 약 1/2t

 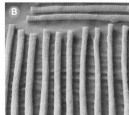  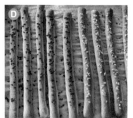

준비하기

1   모든 재료는 미리 계량해 둔다.
　　강력분과 박력분을 체에 밭쳐 볼에 담고 흑설탕과 소금을 좌우 가장자리에 떨어뜨려 넣는다.

만들기

2   볼을 기울여 흑설탕 위에 미지근한 물을 한꺼번에 붓고 이스트를 흩뿌린다. 이스트와 흑설탕이 녹도록 손가락으로 버무린다.

3   이스트가 녹으면 전체를 골고루 섞어, 가루가 보이지 않을 정도 되면 올리브오일을 넣고 치댄다.
　　반죽이 한 덩어리로 뭉쳐지면 도마 위에 꺼내 다시 치댄다.

4   반죽이 매끈해지면 표면을 잡아당기며 둥글게 뭉쳐 볼에 담고, 랩을 씌워 1차 발효시킨다(실온 25℃ - 50분, 실온 30℃ - 45분).

5   1차 발효가 끝나면 스크래퍼를 이용해 반죽을 도마 위로 꺼낸다. 다시 둥글게 뭉치며 가스를 빼고, 살짝 눌러 스크래퍼로 2등분한다.
　　자른 반죽은 모두 무게가 같도록 조정한다.

6   다시 둥글게 뭉치며 모양을 잡은 후, 물기를 꼭 짠 면포를 덮어 10분간 휴지시킨다.

7   반죽을 살짝 눌러 가스를 빼고, 다시 뭉치며 모양을 잡는다. 밀방망이로 밀어 15×20cm 직사각형을 만들고Ⓐ, 칼로 1cm 너비로 썰어 둔다.

8   오븐 시트를 깐 오븐팬 위에 올려Ⓑ, 젖은 면포를 덮어 따뜻한 곳에서 2차 발효시킨다 (실온 25℃ - 20분, 실온 30℃ - 15분).
　　오븐을 200℃로 예열해 둔다. 두 번째 반죽도 똑같이 밀방망이로 밀어둔다.

9   2차 발효 후, 분무기로 물을 뿌리고 흰깨와 검은깨, 말린 바질을 뿌리고 살살 눌러서 떨어지지 않게 고정한다Ⓒ.

10   오븐에서 약 20분 굽는다Ⓓ.

피자와
함께 곁들이면
좋아요!

프랑스식 스튜 포토푀

재료

4인분
양파 1개
당근 1개
감자 2개
두툼한 베이컨 100g
소금 · 후추 적당량
홀그레인 머스터드 적당량

수프
뜨거운 물 600㎖
고형 수프 스톡 2개

만들기

1 양파는 반으로 잘라 약 0.5cm 너비로 채 썰고,
당근과 감자, 베이컨은 한입 크기로 썬다.

2 냄비에 1에서 준비한 재료와 수프를 넣고, 채소가 익을
때까지 15분가량 끓이다가 소금과 후추로 간을 맞춘다.

3 먹기 직전에 홀그레인 머스터드를 넣어 섞는다.

아보카도 올리브 샐러드

재료

4인분
아보카도 1개
양파 1/4개
블랙 올리브 5~6알
레몬즙 1t

올리브오일 1t
검은 통후추 간 것 적당량
허브 소금 적당량

만들기

1 아보카도는 큼직하게 다진다.
양파와 블랙 올리브는 잘게 다진다.

2 볼에 1에서 준비한 재료를 담고, 레몬즙과 올리브오일을
넣어 버무린 다음, 후추와 허브 소금으로 간을 맞추고
냉장실에 넣어 식힌다.

화이트 샐러드

재료 4인분   레몬 드레싱
순무 2개   레몬즙 2T
무 100g   올리브오일 2T
레몬 1/2개   허브 소금 1t
훈제 연어 50g   검은 통후추 간 것 적당량

만들기 1 순무와 무는 얄팍한 은행잎 모양으로 썰고, 가볍게 소금(분량 외)을
        뿌려 30분 정도 절인 다음 물기를 꼭 짠다.

       2 레몬도 무와 같은 모양으로 썰고, 훈제 연어는 한입 크기로 잘라둔다.

       3 냄비에 1에서 준비한 순무, 무와 2에서 준비한 레몬과 훈제 연어를
        차례대로 가지런하게 담는다.

       4 먹기 직전에 3에 섞어 둔 레몬 드레싱을 끼얹고 후추를 뿌린다.

상그리아

재료 4인분
레드 와인 500㎖
오렌지 주스 500㎖
시나몬 스틱 2개
팔각 2~3개
넛멕(nutmeg) 적당량
레몬 1/2개

만들기 1 레몬은 0.5cm로 두께로 모양내어 썬다.

       2 피처에 레드 와인과 오렌지 주스를 따라 잘 섞고, 레몬 조각과
        시나몬 스틱, 팔각, 넛멕을 넣어 냉장실에서 차갑게 식힌다.

이럴 땐 어떻게?

Q 실온이 20℃ 전후라면 발효 시간은 어떻게 잡아야 할까요?

A 빵은 주위 온도에 따라 발효 시간이 달라진다. 겨울처럼 실온이 20℃ 전후일 때는 주의가 필요하다. 1차 발효는 55분 정도로 문제가 없지만, 2차 발효는 시간을 들여도 충분히 부풀지 않을 때가 있다. 원하는 만큼 부풀지 않을 때는 뜨거운 물을 담은 그릇(오븐 사용이 가능한 내열 도자기 그릇 등)을 오븐 팬 주위에 놓고, 오븐팬을 통째로 비닐봉지에 담아, 25℃ 정도의 온도로 맞춘다. 책에서 제시한 온도와 시간은 평균적인 환경에서 맞춘 기준으로, 반죽 상태를 꼼꼼히 관찰하며 가감해야 한다.

Q 집에서 만든 빵은 얼마나 오래 보관할 수 있나요?

A 굽고 나서 하루 정도는 맛있게 먹을 수 있다. 첨가물을 사용하지 않아 여름에는 곰팡이가 쉽게 생기고, 시간이 지나면서 풍미가 떨어진다. 하루 안에 다 먹지 못하는 상황이라면 냉동 보관을 추천한다. 오븐에서 구워낸 빵이 한 김 식으면 랩으로 한 덩어리씩 싸서, 냉동실 사용이 가능한 지퍼팩 등에 담아 냉동한다. 식빵처럼 덩어리가 큰 빵은 1.5cm 너비로 잘라 랩으로 싸서 보관하자. 먹을

때는 크기가 작은 빵은 실온에 30분가량 꺼내 해동해서 전자레인지(500W)에 10초 정도 가열해, 살짝 따뜻한 기운이 느껴질 정도로 데운다. 잘라서 보관한 빵은 실온에 10분가량 꺼내 두었다가 토스터에 굽는다.

시간이 촉박할 때는 작은 빵은 전자레인지에 30초 정도 돌렸다가 꺼내서 토스터로 데운다. 잘라서 보관한 빵은 꽁꽁 언 채로 토스터에 구워도 상관없다. 굽기 전의 반죽은 냉동 보관할 수 없으므로, 오븐에 구운 다음 보관하자.

Q 과발효란 어떤 상태를 말하나요?

A 1차 발효 후에 손가락으로 눌러 발효 정도를 확인해 본다. 손가락으로 누른 주위까지 푹 꺼지면 과발효 상태. 5~10분 정도 더 발효되었다고 해서 못 먹을 정도는 아니다. 바로 다음 공정으로 넘어가자.